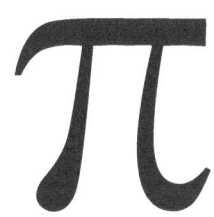

Die Zahl Pi,
Kreiszahl,
Ludophsche Zahl
oder Archimedes-Konstante

(1 Mio. Stellen)

3,14159265358979323846264338327950288419716 9 …

Pi = 3,14159265358979323846264338327950288419716939937510582097
49445923078164062862089986280348253421170679821480865132823066
47093844609550582231725359408128481117450284102701938521105559
64462294895493038196442881097566593344612847564823378678316527
12019091456485669234603486104543266482133936072602491412737245
87006606315588174881520920962829254091715364367892590360011330
53054882046652138414695194151160943305727036575959195309218611
73819326117931051185480744623799627495673518857527248912279381
83011949129833673362440656643086021394946395224737190702179860
94370277053921717629317675238467481846766940513200056812714526
35608277857713427577896091736371787214684409012249534301465495
85371050792279689258923542019956112129021960864034418159813629
77477130996051870721134999999837297804995105973173281609631859
50244594553469083026425223082533446850352619311881710100031378
38752886587533208381420617177669147303598253490428755468731159
56286388235378759375195778185778053217122680661300192787661119
59092164201989380952572010654858632788659361533818279682303019
52035301852968995773622599413891249721775283479131515574857242
45415069595082953311686172785588907509838175463746493931925506
04009277016711390098488240128583616035637076601047101819429555
96198946767837449448255379774726847104047534646208046684259069
49129331367702898915210475216205696602405803815019351125338243
00355876402474964732639141992726042699227967823547816360093417
21641219924586315030286182974555706749838505494588586926995690
92721079750930295532116534498720275596023648066549911988183479
77535663698074265425278625518184175746728909777727938000816470
60016145249192173217214477235014144197356854816136115735255213
47574184946843852332390739414333454776241686251898356948556209
92192221842725502542568876717904946016534668049886272327917860
85784383827967976681454100953883786360950680064225125205117392
98489608412848862694560424196528502221066118630674427862203919
49450471237137869609563643719172874677646575739624138908658326
45995813390478027590099465764078951269468398352595709825822620
52248940772671947826848260147699090264013639443745530506820349

6252451749399651431429809190659250937221696461515709858387 4105
9788595977297549893016175392846813826868386894277415599185 5925
2459539594310499725246808459872736446958486538367362226260 9912
4608051243884390451244136549762780797715691435997700129616 0894
4169486855584840635342207222582848864815845602850601684273 9452
2674676788952521385225499546667278239864565961163548862305 7745
6498035593634568174324112515076069479451096596094025228879 7108
9314566913686722874894056010150330861792868092087476091782 4938
5890097149096759852613655497818931297848216829989487226588 0485
7564014270477555132379641451523746234364542858444795265867 8210
5114135473573952311342716610213596953623144295248493718711 0145
7654035902799344037420073105785390621983874478084784896833 2144
5713868751943506430218453191048481005370614680674919278191 1979
3995206141966342875444064374512371819217999839101591956181 4675
1426912397489409071864942319615679452080951465502252316038 8193
0142093762137855956638937787083039069792077346722182562599 6615
0142150306803844773454920260541466592520149744285073251866 6002
1324340881907104863317346496514539057962685610055081066587 9699
8163574736384052571459102897064140110971206280439039759515 6771
5770042033786993600723055876317635942187312514712053292819 1826
1861258673215791984148488291644706095752706957220917567116 7229
1098169091528017350671274858322287183520935396572512108357 9151
3698820914442100675103346711031412671113699086585163983150 1970
1651511685171437657618351556508849099898599823873455283316 3550
7647918535893226185489632132933089857064204675259070915481 4165
4985946163718027098199430992448895757128289059232332609729 9712
0844335732654893823911932597463667305836041428138830320382 4903
7589852437441702913276561809377344403070746921120191302033 0380
1976211011004492932151608424448596376698389522868478312355 2658
2131449576857262433441893039686426243410773226978028073189 1544
1101044682325271620105265227211166039666557309254711055785 3763
4668206531098965269186205647693125705863566201855810072936 0659
8764861179104533488503461136576867532494416680396265797877 1855
6084552965412665408530614344431858676975145661406800700237 8776

4

59134401712749470420562230538994561314071127000407854733269939
08145466464588079727082668306343285878569830523580893306575740
67954571637752542021149557615814002501262285941302164715509792
59230990796547376125517656751357517829666454779174501129961489
03046399471329621073404375189573596145890193897131117904297828
56475032031986915140287080859904801094121472213179476477726224
14254854540332157185306142288137585043063321751829798662237172
15916077166925474873898665494945011465406284336639379003976926
56721463853067360965712091807638327166416274888800786925602902
28472104031721186082041900042296617119637792133757511495950156
60496318629472654736425230817703675159067350235072835405670403
86743513622224771589150495309844489333096340878076932599397805
41934144737744184263129860809988687413260472156951623965 86457
30216315981931951673538129741677294786724229246543668009806769
28238280689964004824354037014163149658979409243237896907069779
42236250822168895738379862300159377647165122893578601588161755
78297352334460428151262720373431465319777741603199066554187639
79293344195215413418994854447345673831624993419131814809277771
03863877343177207545654532207770921201905166096280490926360197
59882816133231666365286193266863360627356763035447762803504507
77235547105859548702790814356240145171806246436267945612753181
34078330336254232783944975382437205835311477119926063813346776
87969597030983391307710987040859133746414428227726346594704745
87847787201927715280731767907707157213444730605700733492436931
13835049316312840425121925651798069411352801314701304781643788
51852909285452011658393419656213491434159562586586557055269049
65209858033850722426482939728584783163057777560688876446248246
85792603953527734803048029005876075825104747091643961362676044
92562742042083208566119062545433721315359584506877246029016187
66795240616342522577195429162991930645537799140373404328752628
88963995879475729174642635745525407909145135711136941091193932
51910760208252026187985318877058429725916778131496990090192116
97173727847684726860849003377024242916513005005168323364350389
51702989392233451722013812806965011784408745196012122859937162

31301711444846409038906449544400619869075485160263275052983491
87407866808818338510228334508504860825039302133219715518430635
45500766828294930413776552793975175461395398468339363830474611
99665385815384205685338621867252334028308711232827892125077126
29463229563989898935821167456270102183564622013496715188190973
03811980049734072396103685406643193950979019069963955245300545
05806855019567302292191393391856803449039820595510022635353619
20419947455385938102343955449597783779023742161727111723643435
43947822181852862408514006660443325888569867054315470696574745
85503323233421073015459405165537906866273337995851156257843229
88273723198987571415957811196358330059408730681216028764962867
44604774649159950549737425626901049037781986835938146574126804
92564879855614537234786733039046883834363465537949864192705638
72931748723320837601123029911367938627089438799362016295154133
71424892830722012690147546684765357616477379467520049075715552
78196536213239264061601363581559074220202031872776052772190055
61484255518792530343513984425322341576233610642506390497500865
62710953591946589751413103482276930624743536325691607815478181
15284366795706110861533150445212747392454494542368288606134084
14863777670096120715124914043027253860764823634143346235189757 6
64521641376796903149501910857598442391986291642193994907236234
64684411739403265918404437805133389452574239950829659122850855
58215725031071257012668302402929525220118726767562204154205161
84163484756516999811614101002996078386909291603028840026910414
07928862150784245167090870006992821206604183718065355672525325
67532861291042487761825829765157959847035622262934860034158722
98053498965022629174878820273420922224533985626476691490556284
25039127577102840279980663658254889264880254566101729670266407
65590429099456815065265305371829412703369313785178609040708667
11496558343434769338578171138645587367812301458768712660348913
90956200993936103102916161528813843790990423174733639480457593
14931405297634757481193567091101377517210080315590248530906692
03767192203322909433467685142214477379393751703443661991040337
51117354719185504644902636551281622882446257591633303910722538

37421821408835086573917715096828874782656995995744906617583441
37522397096834080053559849175417381883999446974867626551658276
58483588453142775687900290951702835297163445621296404352311760
06651012412006597558512761785838292041974844236080071930457618
93234922927965019875187212726750798125547095890455635792122103
33466974992356302549478024901141952123828153091140790738602515
22742995818072471625916685451333123948049470791191532673430282
44186041426363954800044800267049624820179289647669758318327131
42517029692348896276684403232609275249603579964692565049368183
60900323809293459588970695365349406034021665443755890045632882
25054525564056448246515187547119621844396582533754388569094113
03150952617937800297412076651479394259029896959469955657612186
56196733786236256125216320862869222103274889218654364802296780
70576561514463204692790682120738837781423356282360896320806822
24680122482611771858963814091839036736722208883215137556003727
98394004152970028783076670944474560134556417254370906979396122
57142989467154357846878861444581231459357198492252847160504922
12424701412147805734551050080190869960330276347870810817545011
93071412233908663938339529425786905076431006383519834389341596
13185434754649556978103829309716465143840700707360411237359984
34522516105070270562352660127648483084076118301305279320542746
28654036036745328651057065874882256981579367897669742205750596
83440869735020141020672358502007245225632651341055924019027421
62484391403599895353945909440704691209140938700126456001623742
88021092764579310657922955249887275846101264836999892256959688
15920560010165525637567815667227966198857827948488558343975187
44545512965634434803966420557982936804352202770984294232533022
57634180703947699415979159453006975214829336655566156787364005
36665641654732170439035213295435291694145990416087532018683793
70234888689479151071637852902345292440773659495630510074210871
42613497459561513849871375704710178795731042296906667021449863
74645952808243694457897723300487647652413390759204340196340391
14732023380715095222010682563427471646024335440051521266932493
41967397704159568375355516673027390074972973635496453328886984

7

40611964961627734449518273695588220757355176651589855190986653
93549481068873206859907540792342402300925900701731960362254756
47894064754834664776041146323390565134330684495397907090302346
04614709616968868850140834704054607429586991382966824681857103
18879065287036650832431974404771855678934823089431068287027228
09736248093996270607472645539925399442808113736943388729406307
92615959954626246297070625948455690347119729964090894180595343
93251236235508134949004364278527138315912568989295196427287573
94691427253436694153236100453730488198551706594121735246258954
87301676002988659257866285612496655235338294287854253404830833
07016537228563559152534784459818313411290019992059813522051173
36585640782648494276441137639386692480311836445369858917544264
73998822846218449008777697763127957226726555625962825427653183
00134070922334365779160128093179401718598599933849235495640057
09955856113498025249906698423301735035804408116855265311709957
08994273287092584878944364600504108922669178352587078595129834
41729535195378855345737426085902908176515578039059464087350612
32261120093731080485485263572282576820341605048466277504500312
62008007998049254853469414697751649327095049346393824322271885
15974054702148289711177792376122578873477188196825462981268685
81705074027255026332904497627789442362167411918626943965067151
57795867564823993917604260176338704549901761436412046921823707
64887834196896861181558158736062938603810171215855272668300823
83404656475880405138080163363887421637140643549556186896411228
21407533026551004241048967835285882902436709048871181909094945
33144218287661810310073547705498159680772009474696134360928614
84941785017180779306810854690009445899527942439813921350558642
21964834915126390128038320010977386806628779239718014613432445
72640097374257007359210031541508936793008169980536520276007277
49674584002836240534603726341655425902760183484030681138185510
59797056640075094260878857357960373245141467870368809880609710
64258497595138069309449401515422221943291302173912538355915031
00333032511174915696917450271494331515588540392216409722910112
90355218157628232831823425483261119128009282525619020526301639

11477247331485739107775874425387611746578671169414776421441111
26358355387136101102326798775641024682403226483464176636980663
78576813492045302240819727856471983963087815432211669122464159
11776732253264335686146186545222681268872684459684424161078540
16768142080885028005414361314623082102594173756238994207571362
75167457318918945628352570441335437585753426986994725470316566
13991999682628247270641336222178923903176085428943733935618891
65125042440400895271983787386480584726895462438823437517885201
43956005710481194988423906061369573423155907967034614914344788
63604103182350736502778590897578272731305048893989009923913503
37325085598265586708924261242947367019390772713070686917092646
25484232407485503660801360466895118400936686095463250021458529
30950000907151058236267293264537382104938724996699339424685516
48326113414611068026744663733437534076429402668297386522093570
16263846485285149036293201991996882851718395366913452224447080
45923966028171565515656666111359823112250628905854914509715755 3
90024393153519090210711945730024388017661503527086260253788179
75194780610137150044899172100222013350131060163915415895780371
17792775225978742891917915522417189585361680594741234193398420
21874564925644346239253195313510331147639491199507285843065836
19353693296992898379149419394060857248639688369032655643642166
44257607914710869984315737496488352927693282207629472823815 37
40996154559879825989109371712621828302584811238901196822142945
76675807186538065064870261338928229949725745303328389638184394
47707794022843598834100358385423897354243956475556840952248445
54139239410001620769363684677641301781965937997155746854194633
48937484391297423914336593604100352343777065888677811394986164
78747140793263858738624732889645643598774667638479466504074111
82565837887845485814896296127399841344272608601872455452360 64
31537101127468097787044640947582803487697589483282412392929605
82948619196670918958089833201210318430340128495116203534280144
12761728583024355983003204202451207287253558119584014918096925
33950757784000674655260314461670508276827722235341911026341631
57147406123850425845988419907611287258059113935689601431668283

17632356732541707342081733223046298799280490851409479036887868
78949305469557030726190095020764334933591060245450864536289354
56862958531315337183868265617862273637169757741830239860065914
81616404944965011732131389574706208847480236537103115089842799
27544268532779743113951435741722197597993596852522857452637962
89612691572357986620573408375766873884266405990993505000813375
43245463596750484423528487470144354541957625847356421619813407
34685411176688311865448937769795665172796623267148103386439137
51865946730024434500544995399742372328712494834706044063471606
32583064982979551010954183623503030945309733583446283947630477
56450150085075789454893139394489921612552559770143685894335858
77526379625597081677643800125436502371412783467926101995585224
71722017772370041780841942394872540680155603599839054898572354
67456423905858502167190313952629445543913166313453089390620467
84387785054239390524731362012947691874975191011472315289326772
53391814660730008902776896311481090220972452075916729700785058
07171863810549679731001678708506942070922329080703832634534520
38027860990556900134137182368370991949516489600755049341267876
43674638490206396401976668559233565463913836318574569814719621
08410809618846054560390384553437291414465134749407848844237721
75154334260306698831768331001133108690421939031080143784334151
37092435301367763108491351615642269847507430329716746964066653
15270353254671126675224605511995818319637637076179919192035795
82007595605302346267757943963074630569010801194271410093 9136
91381072581378135789400559950018354251184172136055727522103526
80373572652792241737360575112788721819084490061780138897107708
22931002797665935838758909395688148560263224393726562472776037
89081445883785501970284377936240782505270487581647032458129087
83952324532378960298416692254896497156069811921865849267704039
56481278102179913217416305810554598801300484562997651121241536
37451500563507012781592671424134210330156616535602473380784302
86552572227530499988370153487930080626018096238151613669033411
11386538510919367393835229345888322550887064507539473952043968
07906708680644509698654880168287434378612645381583428075306184

54859037982179945996811544197425363443996029025100158882721647
45006820704193761584547123183460072629339550548239557137256840
23226821301247679452264482091023564775272308208106351889915269
28891084555711266039650343978962782500161101532351605196559042
11844949907789992007329476905868577878720982901352956613978884
86050978608595701773129815531495168146717695976099421003618355
91387778176984587581044662839988060061622984861693533738657877
35983361613384133853684211978938900185295691967804554482858483
70117096721253533875862158231013310387766827211572694951817958
97546939926421979155233857662316762754757035469941489290413018
63861194391962838870543677743224276809132365449485366768000001
06526248547305586159899914017076983854831887501429389089950685
45307651168033373222651756622075269517914422528081651716677667
27930354851542040238174608923283917032754257508676551178593950
02793389592057668278967764453184040418554010435134838953120132
63783692835808271937831265496174599705674507183320650345566440
34490453627560011250184335607361222765949278393706478426456763
38818807565612168960504161139039063960162022153684941092605387
68871483798955999911209916464644119185682770045742434340216722
76445589330127781586869525069499364610175685060167145354315814
80105458860564550133203758645485840324029871709348091055621167
15468484778039447569798042631809917564228098739987669732376957
37015808068229045992123661689025962730430679316531149401764737
69387351409336183321614280214976339918983548487562529875242387
30775595559554651963944018218409984124898262367377146722606163
36432964063357281070788758164043814850188411431885988276944901
19321296827158884133869434682859006640806314077757725705630 72
94004929403024204984165654797367054855804458657202276378404668
23379852827105784319753541795011347273625774080213476826045022
85157979579764746702284099956160156910890384582450267926594205
55039587922981852648007068376504183656209455543461351341525700
65974881916341359556719649654032187271602648593049039787489589
06612725079482827693895352175362185079629778514618843271922322
38101587444505286652380225328438913752738458923844225354726530

9817157844783421582232702069028723233005386216347988509469547200479
5231120150432932266282727632177908840087861480221475376578105819702
2263097174950721272484794781695729614236585957820908307332335603484
6531873029302665964501371837542889755797144992465403868179921389346
9244741985097334626793321072686870768062639919361965044099542167627
8409146698569257150743157407938053239252394775574415918458215625181
9215523370960748332923492103451462643744980559610330799414534778457
4699992128599999399612281615219314888769388022281083001986016549416
5426169685867883726095877456761825072759929508931805218729246108676
3995891614585505839727420980909781729323930106766386824040111304024
7007350857828724627134946368531815469690466968693925472519413992914
6524238577625500474852954768147954670070503479995888676950161249722
8204030399546327883069597624936151010243655353223069061294938859901
5734661023712235478911292547696176005047974928060721268039226911027
7722610254414922157650450812067717357120271802429681062037765788371
6690910941807448781404907551782203856539099104775941413215432844062
5030180275716965082096427348414695726397884256008453121406593580904
1271135920041975985136254796160632288736181367373244506079244117639
9757946193835845749159880976674470930065463424234606342374746660804
3170126005205592849369594143408146852981505394717890045183575515412
5223590590687264878635752541911288877371766374860276606349603536794
7026923229718683277173932361920077745221262475186983349515101986426
9887847171939664976907082521742336566272592844062043021411371992278
5269984698847702323823840055655517889087661360130477098438611687052
3105531491625172837327286760072481729876375698163354150746088386636
4069347043720668865127568826614973078865701568501691864748854167915
4596507234287730699853713904300266530783987763850323818215535597323
5306860430106757608389086270498418885951380910304235957824951439885
9011318583584066747237029714978508414585308578133915627076035639076
3947311455495832266945702494139831634332378975955680856836297253867
9132750555425244919435891284050452269538121791319145135009938463117
7401797151228378546011603595540286440590249646693070776905548102885
0208085800878115773817191741776017330738554758006056014337743299012
7286772530431825197579167929699650414607066457125888346979796429316
2296552016879730003564630457930884032748077181155533090988702550520
7680463034608658165394876951960044084820659673794731680864156456505
3004988161649057883115434548505266006982309315777650037807046612647

06021457505793270962047825615247145918965223608396645624105195551052
23572397395128818164059785914279148165426328920042816091369377773722
29998332708208296995573772737566761552711392258805520189887762011416
80054687365580633471603734291703907986396522961312801782679771728982
29360702880690877686605932527463784053976918480820410219444719713869
25608416245112398062011318454124478205011079876071715568315540788654
39041210873032402010685341947230476667217498698685470767812051122473
67924791931508564447753798537997322344561227858432968466475133336573
69238720146472367942787004250325558992688434959287612400755877569464
13705625140011797133166207153715436006876477318675587714878398908107
42953094106059694431584775397009439883949144323536685392099466879645
06653398573888786614762944341401049888993160051207678103588861166020
29611936396821349607501116498327856353161451684576956877109002999769
84126326650234771672865737857908574664607722834154031144152994188047
82543876177079043000156698677679576090996693607559496515273663498118
96413043311662774712338817406037317439705406703109676765748869535878
96700319258662594105105335843846560233917967492678447637084749778333
65557900738419147319886271352595462518160434225372999628632674968240
58060296421146386436864224724887283434170441573482481833330164056695
96688667695634914163284264149745333499994800026699875888159935073578
15195889900539512085351035726137364034367534714104836017546488830040
78464167452167371904831096767113443494819262681110739944825060739495
07350316901973185211955263563258433909982249862406703107683184446607
29124874754031617969941139738776589986855417031884778867592900260700
43212666179192235209382278788809886335991160819235355557046463491132
08591897961327913197564909760001399623444553350143464268604644958624
76909434704829329414041114654092398834443515913320107739444111840741
07684981066347241048239358274019449356651610884631256785529776973468
43030614624180358529331597345830384554103370109167677637427621102137
01354854450926307190114731848574923318167207213727935567952844439254
81560913728128406333039373562420016045664557414588166052166660873874
80472433912129558777639069690370788285277538940524607584962311574369
17113176134783882719416860662572103685132156647800147675231039355786
06896111259960281839309548709059073861351914591819551029732787557104
97290114871718971800469616977700179139196137914171627070189588469214
34369676292745910994006008498356842520191559370370101104977473394938
77885989417433031785348707603221982970579751191440510994235888303454

6353492349826883624043327267415540301619505680654180939409982020609
9941402168909007082133072308966211977553066591881411915778362729274
6156185710372172471009521423696483086410259288745799932237495519122
1951903424452307535133806856807354464995127203174487195403976107308
0602699062580760202927314552520780799141842906388443734996814582733
7207266391767020118300464819000241308350884658415214899127610651374
1539435657211390328574918769094413702090517031487773461652879848235
3382972601361109845148418238081205409961252745808810994869722161285
2489742555551607637167505489617301680961380381191436114399210638005
0832140987604599309324851025168294467260666138151745712559754953580
2399831469822036133808284993567055755247129027453977621404931820146
5800802156653606776550878380430413431059180460680083459113664083488
7408005741272586704792258319127415739080914383138456424150940849133
9180968402511639919368532255573389669537490266209232613188558915808
3245557194845387562878612885900410600607374650140262782402734696252
8217174941582331749239683530136178653673760642166778137739951006589
5288774276626368418306801908046098498094697636673356622829151323527
8880615776827815958866918023894033307644191240341202231636857786035
7276941541778826435238131905028087018575047046312933353757285386605
8889045831114507739429352019943219711716422350056440429798920815943
0716701985746927384865383343614579463417592257389858800169801475742
0542995801242958105456510831046297282937584161162532562516572498078
4920998979906200359365099347215829651741357984910471116607915874369
8654122234834188772292944633517865385673196255985202607294767407261
6767145573649812105677716893484917660771705277187601199908144113058
6455779105256843048114402619384023224709392498029335507318458903553
9713308844617410795916251171486487446861124760542867343670904667846
8670274091881014249711149657817724279347070216688295610877794405048
4375284433751088282647719785400065097040330218625561473321177711744
1335028160884035178145254196432030957601869464908681545285621346 98
8355444560249556668436602922195124830910605377201980218310103270417
8386654471812603971906884623708575180800353270471856594994761242481
1099928867915896904956394762460842406593094862150769031498702067353
3848349550836366017848771060809804269247132410009464014373603265645
1845667924566695510015022983307984960799498824970617236744936122622
2961790814311414660941234159359309585407913908720832273354957208075
7165171876599449856937956238755516175754380917805280294642004472153

962807463602113294255916002570735628126387331060058910652457080244749375431841494014821199962764531068006631183823761639663180931444671298615527598201451410275600689297502463040173514891945763607893528555053173314164570504996443890936308438744847839616840518452732884032345202470568516465716477139323775517294795126132398229602394548579754586517458787713318138752959809412174227300352296508089177705068259248822322154938048371454781647213976820963320508305647920482085920475499857320388876391601995240918938945576768749730856955958010659526503036266159750662225084064288982659075106375635699682115109496697445805472886936310203678232501823237084597901115484720876182124778132663304120762165873129708112307581598212486398072124078688781145016558251361789030708608701989758898074566439551574153631931919810705753366337380382721527988493503974800158905194208797113080512339332219034662499171691509485414018710603546037946433790058909577211808044657439628061867178610171567409766208029576657705129120990794430463289294730615951043090222143937184956063405618934251305726829146578329334052463502892917547087256484260034962961165413823007731332729830500160256724014185152041890701154288579920812198449315699905918201181973350012618772803681248199587707020753240636125931343859554254778196114293516356122349666152261473539967405158499860355295332924575238881013620234762466905581643896786309762736550472434864307121849437348530060638764456627218666170123812771562137974614986132874411777145524447089971445228856629424402301847912054784985745216346964489738920624019435183100882834802492490854030778638751659113028739587870981007727182718745290139728366148421428717055317965430765045343246005363614726181809697769334862640774351999286863238350887566835950972655748154319401955768504372480010204137498318722596773871549583997184449072791419658459300839426370208756353982169620553248032122674989114026785285996734052420310917978999057188219493913207534317079800237365909853755202389116434671855829068537118979526262344924833924963424497146568465912489185566295893299090352392333336474352037077010108438800329075983421701855422838616172104176030116459187805393674474720599850235828918336929223373239994804371084196594731626548257480994825099918330069765693671596893644933488647442135008407006608835972350395323401795825570360169369909886711321097988970705172807558551912699306730992507040702455685077867906947661262980822516331363995211709845280926303759224267425755998928927837047444521893

6320348941552104459726188380030067761793138139916205806270165102445
8869247649246891924612125310275731390840470007143561362316992371694
84813255542009145304103713545329662063921054798243921251725401323149
0274058589206321758949434548906846399313757091034633271415316223280
5522972979538018801628590735729554162788676498274186164218789885741
0716490691918511628152854867941736389066538857642291583425006736124
5384916067413734017357277995634104332688356950781493137800736235418
0070619180267328551191942676091221035987469241172837493126163395001
2395992405084543756985079570462226646190001035004901830341535458428
3376437811198855631877779253720116671853954183598443830520376281944
0761594106820716970302285152250573126093046898423433152732131361216
5828080752126315477306044237747535059522871744026663891488171730864
3611138906942027908814311944879941715404210341219084709408025402393
2942945493878640230512927119097513536000921971105412096683111516328
7054230284700731206580326264171161659576132723515666625366727189985
3419989523688483099930275741991646384142707798870887422927705389122
7172486322028898425125287217826030500994510824783357290569198855546
7886079462805371227042466543192145281760741482403827835829719301017
8883456741678113989547504483393146896307633966572267270433932167454
2182455706252479721997866854279897799233957905758189062252547358220
5236424850783407110144980478726691990186438822932305382318559732869
7809222535295910173414073348847610055640182423921926950620831838145
4698392366461363989101210217709597670490830508185470419466437131229
9692358895384930136356576186106062228705599423371631021278457446463
9897381885667462608794820186474876727272220626764653380998019668836
8099415907577685263986514625333631245053640261056960551318381317426
1184420189088853196356986962795036738424313011331753305329802016688
8174813429886815855778103432317530647849832106297184251843855344276
2012823457071698853051832617964117857960888815032960229070561447622
0915094739035946646916235396809201394578175891088931992112260073928
1491694816152738427362642980982340632002440244958944561291670495082
3581248739179964864113348032475777521970893277226234948601504665268
1439877051615317026696929704928316285504212898146706195331970269507
2143782304768752802873541261663917082459251700107141808548006369232
5946201900227808740985977192180515853214739265325155903541020928466
5925299914353791825314545290598415817637058927906909896911164381187
8094353715213322614436253144901274547726957393934815469163116249288

7357471882407150399500944673195431619385548520766573882513963916357
6723151005556037263394867208207808653734942440115799667507360711159
3513319591971209489647175530245313647709420946356969822266737752099
4516845064362382421185353488798939567318780660610788544000550827657
0305587448541805778891719207881423351138662929667179643468760077047
9995378833878703487180218424373421122739402557176908196030920182401
8842705704609262256417837526526335832424066125331152942345796556950
2506810018310900411245379015332966156970522379210325706937051090830
7894799990049993953221536227484766036136776979785673865846709366795
885837887956259464648913766521995882869338018360119236857855855819
5556042156250883650203322024513762158204618106705195330653060606501
0548871672453779428313388716313955969058320834168984760656071183471
3621812324622725884199028614208728495687963932546428534307530110528
5713829643709990356948885285190402956047346131138263878897551788560
4249987483163828040468486189381895905420398898726506976202019955484
1265000539442820393012748163815853039643992547020167275932857436666
1644110962566337305409219519675148328734808957477775278344221091073
1113518280460363471981856555729571447476825528578633493428584231187
4944000322969069775831590385803935352135886007960034209754739229673
3310649395601812237812854584317605561733861126734780745850676063048
2294096530411183066710818930311088717281675195796753471885372293096
1614320400638132246584111115775835858113501856904781536893813771847
2814751998350504781297718599084707621974605887423256995828892535041
9379582606162118423687685114183160683158679946016520577405294230536
0178031335726326705479033840125730591233960188013782542192709476733
7191987287385248057421248921183470876629667207272325650565129333126
0595057777275424712416483128329820723617505746738701282095755443059
6839555568686118839713552208445285264008125202766555767749596962661
2604565245684086139238265768583384698499778726706555191854468698469
4784957346226062942196245570853712727765230989554501930377321666491
8257815467729200521266714346320963789185232321501897612603437368406
7194193037746880999296877582441047878123266253181845960453853543839
1144967753128642609252115376732588667226040425234910870269580996475
9580579466397341906401003636190404203311357933654242630356145700901
1244800890020801478056603710154122328891465722393145076071670643556
8274377439657890679726874384730763464516775621030986040927170909512
8086309029738504452718289274968921210667008164858339553773591913695

0153162018908887484210798706899114804669270650940762046502772528650
7289053285485614331608126930056937854178610969692025388650345771831
7668688592368148847527649846882194973972970773718718840041432312763
6504814531122850990020742409255859252926103021067368154347015252348
7863516439762358604191941296976904052648323470099111542426012734380
2208933109668636789869497799400126016422760926082349304118064382913
8347354679725399262338791582998486459271734059225620749105308531537
1829116816372193951887009577881815868504645076993439409874335144316
2633031724777474868979182092394808331439708406730840795893581089 6656
4775859905563769525232653614424780230826811831037735887089240613031
3364773710116282146146616794040905186152603600925219472188909181073
3587196414214447865489952858234394705007983038853886083103571930600
2771194558021911942899922722353345870756624692617766317885514435 0218
2870266856106650035331050216318206017609217984684936863161293727 9518
7307897263735371715025637873357977180818487845886650433582437700414
7710414934927438457587107159731559439426412570270965125108115548247
9394035976811881172824721582501094960966253933953809221955919181885
5267806214992317276316321833989693807561685591175299845013206712939
2404144593862398809381240452191484831646210147389182510109096773869
0664041589736104764365000680771056567184862814963711188321924456639
4581449148616550049567698269030891118568798692947051352481609174324
3015383684707292898982846022237301452655679898627767968091469798378
2687643115988321090437156112997665215396354644208691975673700057387
6497843768628768179249746943842746525631632300555130417422734164645
5127812784577772457520386543754282825671412885834544435132562054464
2410110379554641905811686230596447695870540721419852121067343324107
5676757581845699069304604752277016700568454396923404171108988899341
6350585157887353430815520811772071880379104046983069578685473937656
4336319797868036718730796939242363214484503547763156702553900654231
1792015346497792906624150832885839529054263768766896880503331722780
0185885069736232403894700471897619347344308437443759925034178807972
2358591342458131440498477017323616947197657153531977549971627856631
1904691260918259124989036765417697990362375528652637573376352696934
4354400473067198868901968147428767790866979688522501636949856730217
5231325292653758964151714795595387842784998664563028788319620998304
9451987439636907068276265748581043911223261879405994155406327013198
9895703761105323606298674803779153767511583043208498720920280929752

64981256916342500052290887264692528466610466539217148208013050229980
52637836426959733707053922789153510568883938113249757071331029504430
34671598944878684711643832805069250776627450012200352620370946602341
46489983902525888301486781621967751945831677187627572005054397944
12459900771152051546199305098386982542846407255540927403132571632640
79293418334214709041254253352324802193227707535554679587163835875018
15933871742360615511710131235256334858203651461418700492057043720
18261733194715700867578539336078622739558185797587258744102542077105
47536129404746010009409544495966288148691590389907186598056361713769
222729076419775177720104276496949611056220592502420217704269622154
95872645398922769766031052498085575947163107587013320886146326641259
114863388122028444069416948826152957762532501987035987067438046982
19420563812558334364219492322759372212890564209430823525440841108645
45369404969271494003319782861318186188811118408257865928757426384450
05994422956858646048103301538891149948693543603022181094346676400002
236255057363129462629609619876056425996394613869233083719626590547392346
24134597795748524647837980795693198650815977675350553918991151335252
29873611277918274854200868953965835942196333150286956119201229888988
70060799927954111882690230789131076036176347794894320321027733594169
08650071932804017163840644987871753756781185321328408216571107549528
29497493621460821558320568723218557406516109627487437509809223021160
99826330339154694946444910045152809250897450748967603240907689836529
40657920198315265410658136823791984090645712468948470209357761193139
98024681340520039478194986620262400890215016616381353838151503773502
29660746279529103840686855690701575166241929872444827194293310048548
24454580718897633003232525821581280327467962002814762431828622171054
35289834820827345168018613171959332471107466222850871066611770346535
28395776259977446721857158161264111432717943478859908928084866949141
39097716736900277758502686646540565950394867841110790116104008572744
56293842549416759460548711723594642910585090995021495879311219613590
83158826206823321561530868337308381732793281969838750870834838804638
84784418840031847126974543709373298362402875197920802321878744882872
84372737801782700805878241074935751488997891173974612932035108143270
32514090304874622629423443275712600866425083331876886507564292716055
25289544921537651751492196367181049435317858383453865255656640657251
36357506435323650893679043170259787817719031486796384082881020946149
00797151377170990619549696400708676671

02330048672631475510537231757114322317411411680622864206388906210109
23552235467116621374996932693217370431059872250394565749246169782 60
97025335947502091383667377289443869640002811034402608471289900074 68
07764844088711341352503367877316797709372778682166117865344231732 26
46378476978751443320953400016506921305464768909850502030150448808 34
26184520873053097318949291642532293361243151430657826407028389840 98
41602950309241897120971601649265613413433422298827909921786042679 81
24572853458013382609958771781131021673402565627440072968340661984 80
67661580502169183372368039902793160642043681207990031626444914619 02
19458229690992122788553948783538305646864881655562294315673128274 39
08264506116289428035016613366978240517701552196265227254558507386 40
58529983037918035043287670380925216790757120406123759632768567484 50
79151147313440001832570344920909712435809447900462494313455028900 68
06487042935340374360326258205357901183956490893543451013429696175 45
24957396062149028872893279252069653538639644322538832752249960598 69
74759882329916263545973324445163755334377492928990581175786355555 62
69374269109471170021654117182197505198317871371060510637955585889 05
56885288798908475091576463907469361988150781468526213325247383765 14
19299015610918977792200870579339646382749068069876916819749236562 42
26087154176100430608904377976678519661891404144925270480881971498 80
15420577870065215940092897776013307568479669929554336561398477380 60
39436889588764605498387147896848280538470173087111776115966350503 99
79343869339119789887109156541709133082607647406305711411098839388 09
54814378284745288383680794188843426662220704387228874139478010177 21
39228191199236540551639589347426395382482960903690028835932774585 50
60801317988407162446563997948275783650195514221551339281978226984 27
86383916797150912624105487257009240700454884856929504481107380879 96
54748156891393538094347455697212891982717702076661360248958146811 91
33614121258783389557735719498631721084439890142394849665925173138 817
16026632619310653665350414730708044149391693632623737677709585031 3
25599009576273195730864804246770121232702053374266705314244820816 81
30306397378736642483672539837487690980602182785786216512738563513 29
01489035098832706172589325753639937905572917516009761545904477169 2
26580631511102803843601737474215247608515209901615858231257159073 34
21736576267142390478279587281505095633092802668458937649649770232 97
36413190609827406335310897924642421345837409011693919642504591288 13
40349881063540088759682005440836438651661788055760895689672753153 80

8194207733259791727843762566118431989102500749182908647514979400316
0703845549465385946027452447466812314687943441610993338908992638411
8474252570445725174593257389895651857165759614812660203107976282541
6559050604247911401695790033835657486925280074302562341949828646791
4476322774005529460903940177536335655471931000175430047504719144899
8410400158679461792416100164547165513370740739502604427695385538343
9755054887109978520540117516974758134492607943368954378322117245068
7344231989878844128542064742809735625807066983106979935260693392135
6858813912148073547284632277849080870024677763036055512323866562951
7885371967303463470122293958160679250915321748903084088651606111901
1498443412350124646928028805996134283511884715449771278473361766285
0621697787177438243625657117779450064477718370221999106695021656757 6
4404499794076503799995484500271066598781360380231412683690578319046
0792765297277694043613023051787080546511542469395265127101052927070
3066730244471259739399505146284047674313637399782591845411764133279
0646063658415292701903027601733947486696034869497654175242930604072
7005059039503148522921392575594845078867977925253931765156416197168
4435243697944473559642606333910551268260615957262170366985064732812
6672452198906054988028078288142979633669674412480598219214633956574
5722102298677599746738126069367069134081559412016115960190237753525
5563006062479832612498812881929373434768626892192397778339107331065
8825681377717232831532908252509273304785072497713944833389255208117
5608452966590553940965568541706001179857293813998258319293679100391
8440992865756059935989100029698644609747147184701015312837626311467
7420914557404181590880006494323785583930853082830547607679952435739
1631221886057549673832243195650655460852881201902363644712703748634
4217272578795034284863129449163184753475314350413920961087960577309
8720135248407505763719925365047090858251393686346386336804289176710
7602111159828875539940120076013947033661793715396306139863655492213
7415979051190835882900976566473007338793146789131814651093167615758
2135142486044229244530411316065270097433008849903467540551864067734
2603583409608605533747362760935658853109760994238347382222087292464
4976845605795625167655740884103217313456277358560523582363895320385
3402484227337163912397321599544082842166663602329654569470357718487
3442034227706653837387506169212768015766181095420097708363604361110
5924091178895403380214265239489296864398089261146354145715351943428
5072135345301831587562827573389826889852355779929572764522939156747

75666760510878876484534936360682780505646228135988858792599940946446
04170520447004631513797543173718775603981596264750141090665886616 21
80038266989961965580587208639721176995219466789857011798332440601 81
15756580742841829106151939176300591943144346051540477105700543390 00
18245311773371895585760360718286050635647997900413976180895536366 96
03162193113250223851791672055180659263518036251214575926238369348 22
26658955769946604919381124866090997981285718234940066155521961122 07
20309227764620099931524427358948871057662389469388944649509396033 04
54340842102462401048723328750081749179875543879387381439894238011 76
27008371960530943839400637561164585609431295175977139353396074322 792
48922126704580818331376416581826956210587289244774003594700926866 26
59651422050630078592002488291860839743732353849083964326147000532 42
35406470420894992102504047267810590836440074663800208701266642094 57
18170294675227854007450855237772089058168391844659282941701828823 30
14971554235235911774818628592967605048203864343108779562892925405 63
89466219482687110428281638939757117577869154301650586029652174595 81
98887868040811032843273986719862130620555985526603640504628215230 61
54594474489908839081999738747452969810776201487134000122535522246 69
54093152131153379157980269795557105085074738747507580687653764457 82
52443263804614304288923593485296105826938210349800040524840708440 35
61167817170512813378805705643450616119330424440798260377951198548 69
45591520519600930412710072778493015550388953603382619293437970818 74
32094991415959339636811062755729527800425486306005452383915106899 89
13578820019411786535682149118528207852130125518518493711503422159 54
22445119002073935339627400208110465530207932867254740543652717595 893
50071633607632161472581540764205302004534018357233829266191530835 40
95120226329165054426123619197051613839357326693760156914429944943 74
48568097756963031295887191611292946818849363386473927476012269641 58
84890096571708616059814720446742866420876533479958222090619802173 2
11614230419477754990738738567941189824660913091691772274207233367 63
50326783405863019301932429963972044451792881228544782119535308989 10
12534297552472763573022628138209180743974867145359077863353016082 15
59911314144205091447293535022230817193663509346865858656314855575 86
24478186201087118897606529698992693281787055764351433820601410773 29
26106343152533718224338526352021773544071528189813769875515757454 69
39727150488469793619500477720970561793913828989845327426227288647 10
88832701737232588182446584362495805925603381052156062061557132991 56

08489206434030339526226345145428367869828807425142256745180618411495
64686111635404971897682154227722479474033571527436819409892050113635
34001238467142965518673441537416150425632567134302476551252192180355
78016924032669954174608759240920700466934039651017813485783569444077
60470232540755557764728450751826890418293966113310160131119077398637
24627782190236506603740416067249624901374332172464540974129955705297
14243820807609836482346597388669134991978401310801558134397919485287
30436739012482082444814128095443773898320059864909159505322857914577
68849625786658859991798675205545580990045564611787552493701245532177
17019428288461740273664997847550829422802023290122163010230977215157
69446427909802190826689868834263071609207914085197695235553488657747
34252775311972474308730436195113961190800302558783876442060850447307
63129927788894272918972716989057592524467966018970748296094919064877
64693702750773866432391919042254290235318923377293166736086996228037
25571853089192844038050710300647768478632431910002239297852553723757
56621364474009676053943983823576460699246526008909062410590421545397
27904411529580345334500256244101006359530039598864466169595626351877
80606885137234627079973272331346939714562855426154676506324656766207
27924520858134771760852169134094652030767339184114750414016892412137
19826881568664561485380287539331160232292555618941042995335640095787
64953409351152664540244187759493169305604486864208627572011723195267
40502309977456764783848897346431721598062678767183800524769688408497
89185086149003432403476742686245952395890358582135006450998178244637
60873177543788596776729195261112138591947254514003011805034378752777
66440276261894101757687268042817662386068047788524288743025914524707
73950546525135339459598789619778911041890292943818567205070964606267
35417329446495766126519534957018600154126239622864138977967333290707
56737696215649818450684226369036784955597002607986799626101903933127
63768556968767029295371162528005543100786408728939225714512481135777
86276649024251619902774710903359333093049483805978566288447874414697
84149906712376478958226329490467981208998485716357108783119184863027
54501620929805829208334813638405421720056121989353669371336733392467
44161252231969434712064173754912163570085736943973059797097197266667
64226743111776217640306868131035189911227133972403688700099686292257
46465006385288620393800504778276912835603372548255793912985251506827
99691077542576474883253414121328006267170940090982235296579579978037
01828242849022147074811112401860761341515038756983091865278065889667

82362523937845272634530420418802508442363190383318384550522367992357752929
10692504326144695010986108889991465855188187358252816430252093928525807796
97376208456374821144339881627100317031513344023095263519295886806908213558
53680161000213740851154484912685841268695899174149133820578492800698255195
74020181810564129725083607035685105533178784082900004155251186577945396331
75385320921497205266078312602819611648580986845875251299974040927976831766
39914655386108937587952214971731728131517932904431121815871023518740757222
10012376872194474720934931232410706508061856237252673254073332487575448296
75734500193219021991199607979893733836732425761039389853492787774739805080
80015544764061053522202325409443567718794565430406735896491017610775948364
54082348613025471847648518957583667439979150851285802060782055446299172320
20282229148869593997299742974711553718589242384938558585954074381048826246
48788053304271463011941589896328792678327322456103852197011130466587100500
08328517731177648973523092666123458887310288351562446023671996644554472760
83101187883891511493409393447500730258558147561908813987523578123313422798
66503522725367171230756861045004548970360079569827626392344107146584895780
24140815840522953693749971066559489445924628661996355635065262340533943914
21112718106910522900246574236041530093691889255865784668461215679554256605
41600507127664176605687427420032957716064344860620123982169827172319782681
66282499387149954491373020518436690767235774000539326626227603236597517189
25901801104290384274185507894887438832703063283279963007200698012244365116
39408692220745320244624121155804354542064215121585056896157356414313068888
34431852808539759277344336553841883403035178229462537020157821573732655231
85763554098954033236382319219892171177449469403678296185920803403867575834
11151882417743914507736638407188048935825686854201164503135763335550944031
92367203486510105610498727264721319865434354504091318595131451812764373104
38972507004981987052176272494065214619959232142314439776546708351714749367
98618655279171582408065106379950018429593879915835017158075988378496225739
85121298103263793762183224565942366853767991131401080431397323354490908249
10499143325843298821033984698141715756010829706583065211347076803680695322
97199059990445120908727577622535104090239288779424630483280319132710495540
85991801969678353214644411892606315266181674431935508170818754770508026540
25294109218264858213857526688155584113198560022135158887210365696087515063
18753300294211868222189377554602722729129050429225978771066787384000061677
21546384412923711935218249982435092089180168557279815642185819119749 0985 7
30570332667646460728574305653726027689823732597450844796495456480307715 98
15395582777913937360171742299602735310276871944944491793978514463159731443
53518504914139415573293820485421235081739125497498193087143966151329420459
19380106231421774199184060180347949887691051557905554806953878540066453375
98186284641990522045280330626369562649091082762711590385699505124652999606
28554438383303276385998007929228466595035512112452840875162290602620118577

75313747949362055496401073001348853150735487353905602908933526400713274732
62196031177343394367338575912450814933573691166454128178817145402305475066
71365182582848980995121391939956332413365567770980030819102720409971486874
18134667006094051021462690280449159646545330107754695413088714165312544813
06119240782118869005602778182423502269618934435254763357353648561936325441
77566139817039306328721669057222597452091929172621998444096461582694563802
39502837121686446561785235565164127712826918688615572716201474934052276946
59571219831494338162211400693630743044417328478610177774383797703723179525
54341072234455125555899986461838767649039724611679590181000350989286412041
95163551108763204267612979826529425882951141275841262732790798807559751851
57684126474220947972184330935297266521001566251455299474512763155091763673
02594621329301904028379542463232585503010967069227202270748634190054383026
50681214142135057154175057508639907673946335146209082888934938376439399256
90060406731142209331219593620298297235116325938677224147791162957278075239
50562515816031333593823115005186268905306583681299881086632632719806112715
48858798093487912913704982305759290918629391950147211975860672700092547718
02575033773079939713453953264619526999659638565491759045833358579910201271
32045839032008538788816336376851820837278851311752277696097879621423721625
45214591281831798216044111311671406914827170981015457781939202311563871950
80502467972579249760577262591332855972637121120190572077140914864507409492
67180358151575715140503976109638467555692989703835473141002238025834687673
50129775413279532060971154506484212185936490997917766874774481882870632315
51586503289816422828823274686610659273219790716238464215348985247621678905
02609980452664839295423572873439776804957740914495383915755654854590589764
95198513801007958010783759945775299196700547602252552034453988712538780171
96071816407812484784725791240782454436168234523957068951427226975043187363
32630111030534233358216093331912188060608268341428910415173247216053355849
93224548730778822905252324234861531520976938461042582849714963475341837562
00301491570327968530186863157248840152663983568956363465743532178349319982
55421173084677452970858395076164582296303244243282377374505170285606980678
89521768198156710781633405266759539424926280756968326107495323390536223090
80708145591983735537774874202903901814293731152933464446815121294509759653
43062842153194457271186149000176505581770953024688752632501197052094761594
16768727784472000192789137251841622857783792284439084301181121496366424659
03363419454065718354477191244662125939265662030688852005559912123536371822
69225317814587925937504414489339816086579008761650246351970458288954817937
56681046474614105142498870252139936870509372305447734112641354892806841059
10771667782123833281026218558775131272117934444820144042574508306394473836
37939062830089733062413806145894142276947479316657176231824721683506780764
87573420491557628217583972975134478990696589532548940335615613167403276472
46921250575911625152965456854463349811431767025729566184477548746937846423

3737238981920662048511894378868224807279352022501796545343757274163910791929529508129429222053477173041844779156739917384183117103625243957161527146690058147000026330104526435478659032907332054683388720787354447626479252976901709120078741837367350877133769776834963442524199499513883150748775374338494582597655609965559543180409201784971846854973706962120885243770138537576814166327224126344239821529416453780004925072627651507890850712659970367087266927643083772296859851691223050374627443108529343052730788652839773352460174635277032059381791253969156210636376258829375713738407544064689647831007045806134467312715911946084359358259877828352665311510650416232953290477721740835593497237585521380483050900096466760883015406128243087406455944431853413755220166305812111033453120745086824339432159043594430312431227471385842030390106070940315235556172767994160020393975099897629335325855575624808996691829864222677502360193257974726742578211197347094023574572222712125268523842958742735015636600931880454933389897415714905441825597380808715652814301026704602843168192303925352977957658624143927015497408792731310516361191375770089295648233236482982630246079758757677453771601024908046243018565241617566556001608591215345562676021926899828553778725831451440826545834844094784631787773747946535801699607794055687011923286080411309046293508718271259346687127666948738998245985277864995691654640294589350649643358098247659651651420909867552038080309203230487342703468288751604071546653834619611223013759451579252696743642531927390036038608236450762698827497618723575476762889950752114804852527950845033958570838130476937881321123674281319487950228066320170022460331989671970649163741175854851878484012054844672588851401562725019821719066960812627785485964818369621410721714214986361918774754509650308957099470934337856981674465828267911940611956037845397855839240761276344105766751024307559814552786167815949657062559755074306521085301597908073343736079432866757890533483669555486803913433720156498834220893399971641479746938696905480089193067138057171505857307148815649920714086758259602876056459782423770242469805328056632787041926768467116266879463486950464507420219373945259262668613552940624781361206202636498199999498405143868285258956342264328707663299304891723400725471764188685351372332667877921738347541480022803392997357936152412755829569276837231234798989446274330454566790062032420516396282588443085438307201495672106460532238537203143242112607424485845094580494081820927639140008540422023556260218564348994145439950410980591817948882628052066441086319001688568155169229486203010738897181007709290590480749092427141018933542818429995988169660993836961644381528877214085268088757488293258735809905670755817017949161906114001908553744882726200936685604475596557476485674008177381703307380305476973609786543859382187220583902344443508867499866506040645874346005331827436296177862518081893144363251205107094690813586440519229512932450078833398788429339342435126343336520438581291283434529730865290978330067126179813031679438553572601

29699874035957045845223085639009891317947594875212639707837594486113945196
02867512105616389760088800927461158608002078033415914517970730368351969777
66076373785333012024120112046988609209339085365773222392412449051532780950
95586645947763448226998607481329730263097502881210351772312446509534965369
30900186377640940943498373132513218620802148099226855029484546618147155574
44709669530177690434272031892770604717784527939160472281534379803539679861
42437095668322149146543801459382927739339603275404800955223181666738035718
39327570771420467238386246178039762923771312095807893638414479298025880655
22129262093623930637313496640186619510811583471173312025805866727639992763
57907806381881306915636627412543125958993611964762610140556350339952314032
31138196562363271989618372548453337020625634642239527669435683767613687119
62921818754576081617053031590728828700712313666308722754918661395773730546
06599743781098764980241401124214277366808275139095931340415582626678951084
67761186659576601659981780894149857549762843877856100263796543178313634 0251
35814161151902096499133548733131115022700681930135929595971640197196053625
03355847998096348871803911161281359596856547886832585643789617315976200241
96215528962979048198221994622694871374624447290934564700285376949588595916
06789282491054412515996300781368367490209374915732896270028656829344431342
34735123929825916673950342599586897069726733258273590312128874666045146148
78503461428277659916080903986525757172630818334944418201935333850712923457
74375579344062178711330063106003324053991693682603746176638565758877580201
22936635327026710068126182517291460820254189288593524449107013820621155382
77935652969145765020486432828655579347072096348073726921411868954673227677
51335690190153723669036865389161291688887876407525493494249733427181178892
75993159671935475898809792452526236365903632007085444078454479734829180208
20449266706344204375553250505275228337788870408040335319234076856301093477
72125639088640413101073817853338316038135280828119040832564401842053746792
99262203769871801806112262449090924264198582086175117711378905160914038157
50033664241560952163281971223350231674226005679412814062172196418427057843
28959802882335059828208196666249035857789946033315227481777695284368163008
85317696947836905806710648280835980466988410981351586549069333195223943632
87923990534810987830274500172065433699066117784554364687723631844464768069
14282800455107468664539280539940910875493916609573161971503316696830992946
63491427987808422572206971488755806374803088629951184731871247772919100702
27588893486939456289515802965372150409603107761289831263589964893410247036
03664505868728758905140684123812424738638542790828273382797332688550493587
43031602747490631295723497426112215174171531336186224109138695006888358989
62349276317316478340077460886655598733382113829928776911495492184192087771
60606847287467368188616750722101726110383067178785669481294878504894306308
61699487987031605158841082823512741535385133658953329462949449506186851 47
79105804696039069372662670386512905201137810858616188886947957607413585534

58515176805197333443349523012039577073962377131603024288720053732099825300
89776189731298178819446717311606472314762484575519287327828251271824468078
24215216469567819294098238926284943760248852279003620219386696482215628093
60537317804086372726842669642192994681921490870170753336109479138180406328
73875938482695355830773957614479972700034728801827852813895032179863452161
11066608839314053226944905455527867894417579202440021450780192099804461382
54780585804844241640477503153605490659143007815837243012313751156228401583
86442708907182848167575271238467824595343344496220100960710513706084618011
87543120725491334994247617115633321408934609156561550600317384218701570226
10310191660388706466143889773631878094071152752817468957640158104701696524
75577408916445686777171585005832699434016772021567677240681283665652641229
82439465133197359199709403275938502669557470231813203243716420586141033606
52453693916005064495306016126782264894243739716671766123104897503188573216
55549883421218028469125290861014855278152776256237504563757694977343368460
15607727035509629049392487088406281067943622418704747008368842671022558302
40359984164595112248527263363264511401739524808619463584078375355688562231
71155209472230654370926067973510005655493812245754837285457117973936157561
67641692895805257297522338558611388322171107362265816218842443178857488798
10902665379342666421699091405653643224930133486798815488662866505234699723
55747384248305904236771432787923164224038777643301926001922847783138376325
36121025336935812624086866699738275977365682227907215832478888642369346396
16436330873013981421143030600873066616480367898409133592629340230432497492
68878316436026810113095707161419128306865773235326396536773903176613613159
65553584999398600565155921936759977717933019744688148371103206503693192894
52140265091546518430993655349333718342529843367991593941746622390038952767
38133306177476295749438687169784537672194935065908757119177208754771071899
37960894774512654757501871194870738736785890200617373321075693302216320628
43206567119209695058576117396163232621770894542621460985841023781321581772
76022227381334954104810030732751077999489919779638835307344434575329759142
63768405442264784216063122769646967156473999043715903323906560726644116438
60540483884716191210900870101913072607104411414324197679682854788552477947
64818029597360494397004795960402927462992035720997619501403483153809477146
01056333446998820822120587281510729182971211917876424880354672316916541852
25672923442918712816323259696541354858957713320833991128877591722611527337
90103413620856145779923987783250835507301998184590259583559892605532996737
70491722454935329683300002230181517226575787524058832249085821280089747909
32610076257877042865600699617621217684547899644070506624171021332748679623
74302291553582007801411653480656474882306150033920689837947662550365498228
05329662862117930628430170492402301985719978948836897183043805182174419147
66042975243725168343541121703863137941142209529588579806015293875275379903
09388716835720957607152219002793792927863036372687658226812419933848081660

21603722154710143007377537792699069587121289288019052031601285861825494413
35382078488346531163265040764242839087012101519423196165226842200371123046
43006734420647477180213530701240988603533991526679238711017062218658835737
81210935179775604425634694999787251125440854522274810914874307259869602040
27594117894258128188215995235965897918114407765335432175759525553615812800
11638467203193465072968079907939637149617743121194020212975731251652537680
17359101557338153772001952444543620071848475663415407442328621060997613243
48754884743453966598133871746609302053507027195298394327142537115576660002
57844230310734295515339450604862227649666876240793243531299263925373107 68
92135352572321080889819339168668278948281170472624501948409700975760920983
72409007471797334078814182519584259809624174761013825264395513525931188504
56362641883003385396524359974169313228947198783084276004013680747039040972
38473945834896186539790594118599310356168436869219485382055780395773881360
67954990008512325944252972448666676683464140218991594456530942344065066785
19484177667794704720419588220432953803263105374948831221803912796784461001
39726753892195119117836587662528083690053249004597410947068772912328214304
63533728351995364827432583311914445901780960778288358373011185754365995898
27245319253105881150263075425714939430244539318701799236081666113054262539
95833897942971602070338767815033010280120095997252222280801423571094760351
92554443492998676781789104555906301595380976187592035893734197896235893112
59839025983102671933041892151096891562250696591198283234555030590817307351
95503721665870288053992138576037035377105178021280129566841984140362872725
62321442875430221090947272107347413497551419073704331827662617727599688882
60272252471336833534528166927795913288613817663498577289369009657495622871
03024362590772412219094300871755692625758065709912016659622436080242870024
54736203639484125595488172727247365346778364720191830399871762703751572464
99222894679323226936191776416146187956139566995677830682903165896994307673
33508234990790624100202506134057344300695745474682175690441651540636584680
46369262127421107539904218871612761778701425886482577522388918459952337629
23779155857445494773612955259522265786364621183775984737003479714082069941
45580719080213590732269233100831759510659019121294795408603640757358750205
89020870457967000705526250581142066390745921527330940682364944159089100922
02966805233252661989113118420162916310768940847235643668081821686572196882
68358402785500782804043453710183651096951782335743030504852653738073531074
18591770561039739506264035544227515610110726177937063472380499066692216197
11942591204450846417463835899382399465173955090008594799901360266742614942
90066467115067175422177038774507673563742154782905911012619157555870238957
00140511782264698994491790830179547587676016809410013583761357859135692445
56477644641786671153919513576961048649224900834467154863830544779143300976
80486878348184672733758436892724310447406807685278625585165092088263813233
62314873333671476452045087662761495038994950480956046098960432912335834885

999029452640028499428087862403981181488476730121675416110662999555366681931
232874257020637383520200868636913117334697317412191536332467453256308713347
302792174956227014687325867891734558379964351358800959350877556356248810 49
385299900767513551352779241242927748856588566513247302514710210575352 5165
118148509027504768455182520963318990685276144351382136621523688905787 86699
432288816028377482035506016029894009119713850179871683633744139275973 64401
700701476370665570350433812111357641501845182141361982349159601064752 7125
759351853043328755377830575095674254426847122196187091785607839361445 11383
335649103256405733898667178123972237519316430617013859539474367843392 67098
671245221118969084023632741149660124348309892994173803058841716661307 30400
675883804321115553794406054977217059428215148861656727712409033877277 45629
097110134885184374118695655449745736845218066982911045058004299887953 89902
780438359628240942186055628778842880212755388480372864001944161425749 99042
720095952046541705981049899675045119364711727722204361026140797508096 86975
176600237187748348016120310234680567112644766123747627852190241202569 94353
471622666089367521983311181351114650385489502512065577263614547360442 68594
980743969323312971273771573470997139522911826534851555871373366291202 42714
302503763269501350911612952993785864681307226486008270881333538193703 68259
886789332123832705329762585738279009782646054559855513183668884462826 51337
984916678394097613537662517982582496634587719501243840403591408492097 33754
642474488176184070023569580177410177696925077814893386672557898564589 85105
689196092439884156928069698335224022563457049731224526935419383700484 31833
571965166267215755241934019330990183193091965829209696562476676836596 47019
595754739345514337413708761517323677204227385674279170698204549953095 91887
243493952409444167899884631984550485239366297207977745281439941825678 94577
957125552426826089940863317371538896262889629402112108884427376568624 527612
130371017300785135715404533041507959447776143597437803742436646973247 13841
049212431413890357909241603640631403814983148190525172093710396402680 89948
325722979545640427017577229041732347960736187878899133183058430693948 25961
318713816423467218730845133877219086975104942843769325024981656673816 26061
594176825250999374167288395174406693254965340310145222531618900923537 64863
784828813442098700480962271712264074895719390029185733074601043607291 90945
767994614929290427981687729426487729952858434647775386906950148984133 92454
039414468026362540211861431703125111757764282991464453340892097696169 90983
726523617687456058947049681701369749009523072082682887890730190018253 425805
343421705928713931737993142410852647390094828459641809361413847583113 613057
610846236683723769591349261582451622155213487924414504175684806412063 65201
703863301295327776990231186480200675569056822950163549319923059142463 96217
025329747573114094220180199368035026495636955866425906762685687372110 33915
679383989576556519317788300024161353956243777784080174881937309502069 99008
908993280883974303677365955248913001566332940779071396154645340887915 10300

651321934486673248275907946807879819425019582622320395713125201410996053126
069655540424867054998678692302174698900954785072567297878947698888310934874
644264007181831603316555115342761556224054744733780492462149521332585276988
473362691826491743389878247892784689188280546699823036899397834137475870258
057163494135684339293960681920617733317917382085624364336353598634944968907
810640196740744365836670715869245211829978938040771375012908586465789057714
268335582768978554717687184427726120509266486102051535642840632368481807287
940717127966820060727559555904040233178749447346454760628189541512139162918
444297651066947969354016866010055196077687335396511614930937570968554555938
151378956903925101495326562814701199832699220006639287537471313523642158926
512620407288771657835840521964605410543544364216656224456504299901025658692
727914275293117208279393775132610605288123537345106837293989358087124386938
593438917571337630072031976081660446468393772580690923729752348670291691042
636926209019960520412102407764819031601408586355842760953708655816427399534
934654631450404019952853725200495780525465625115410925243799132626271360909
940290226206283675213230506518393405745011209934146491843332364656937172591
448932415900624202061288573292613359680872650004562828455757459659212053034
131011182750130696150983551563200431078460190656549380654252522916199181995
960275232770224985573882489988270746593635576858256051806896428537685077201
222034792099393617926820659014216561592530673794456894907085326356819683186
177226824991147261573203580764629811624401331673789278868922903259334986179
702199498192573961767307583441709855922217017182571277753449150820527843090
461946083521740200583867284970941102326695392144546106621500641067474020700
918991195137646690448126725369153716229079138540393756007783515337416774794
210038400230895185099454877903934612222086506016050035177626483161115332558
770507354127924990985937347378708119425305512143697974991495186053592040383
023571635272763087469321962219006426088618367610334600225547747781364101269
190656968649501268837629690723396127628722304114181361006026404403003599698
891994582739762411461374480405969706257676472376606554161857469052722923822
827518679915698339074767114610302277660602006124687647772881909679161335401
988140275799217416767879923160396356942851513633647219540611171767387372555
728522940054361785176502307544693869307873499110352182532929726044553210797
887711449898870911511237250604238753734841257086064069052058452122754533848
008205302450456517669518576913200042816758054924811780519832646032445792829
730129105318385636821206215531288668564956512613892261367064093953334570526
986959692350353094224543865278677673027540402702246384483553239914751363441
044050092330361271496081355490531539021002299595756583705381261965683144286
057956696622154721695620870013727768536960840704833325132793112232507148630
206951245395003735723346807094656483089209801534878705633491092366057554050
864111521441481434630437273271045027768661953107858323334857840297160925215
326092558932655600672124359464255065

99677177038844539618163287961446081778927217183690888012677820743010642252
46348074543004764928855534090621851536543554741254761527697726677697727770
58315801412185688011705028365275543214803488004442979998062157904564161957
21278450892848980642649742709057912906921780729876947797511244730599140605
06299468942809310342164166299356148281309988707452927160484336308184041264
69637925843094185442216359084576146078558562473814931427078266215185541603
87020687698046174740008083243436653823545551094494984310934947599446726736
53525176627067721941831919771963780157021699336750837600571634546436717767
23387588643405644871566964321041282595645349841388412890420682047007615596
91684303899934836679354254921032811336318472259230555438305820694167562999
20133731754891220372303490726810685344540359935618235763128377676406310131
25335212141994611869350833176587852047112364331226765129964171325217513553
26186768194233879036546890800182713528358488844411176123410117991870923650
71848578562210211040097769944531217950224795780695065329659403839873699072
40797679040826794007618729547835963492793904576973661643405359792219285870
57495748169669406233427261973351813662606373598257555249650980726012366828
36059283418558480269584137725589708837899429105498003311138846034019391661
22186696058491571485733568286149500019097591125218800396419762163559375743
71801148055944229873041819680808564726571354761283162920044988031540210553
05970766663627493283089168809323592900817874119857383171926167288349184024
29721290434965526942726402559641463525914348400675867690350382320572934132
98159353304444649682944136732344215838076169483121933311981906109614295220
15361702985751055943264614685045426849757648078080092213358113781977492717
68545075538328768874474591593731162470601091244609829424841287520224462594
47763874949199784044682925736096853454984326653682844489365704111817779380
64416165312236002149187687694673984075171763075168498563592014868929431059
40202457969622924566644881967576294349535326382171613395757790766370764569
57025973880043841580589433613710655185998760075492418721171488929522173772
11460811543449826654798725800566747240511220073834592715757277152185899469
48117940644466399432370044291140747218180224825837736017346685300744985564
71542003612359339731291445859152288740871950870863221883728826282288463184
37172619033057771476515641438223067918473860391476831081413582757558536435
97721650028277803713422869688787349795096031108899196143386664068450697420
78770028050936720338723262963785038653216432348815557557018469089074647 87
91224363755566686780676105449550172607911429308312857612544819444494732448
19093795369008206384631678225064809531810406570254327604385703505922818919
87806586541218429921727372095510324225107971807783304260908679427342895573
55592527238055114404380012390416877164451802264916816419274011064516224311
01700056691121733189423400547959684669804298017362570406733282129962153684
88140410219446342464622074557564396045298531307140908460849965376780379320
18991408658146621753193376659701143306086250098295669176388460567629729314

64911493704624469351984039534449135141193667933301936617663652555149174982
30798707228080860859626112660504289296966535652516688885572112276802772743 70
89173896397722575648905334010388559311256799915165890250164869614272070059
16056166159702451989051832969278935550303934681219761582183980483960562523
09146263844738629603984892438618729850777592879272206855480721049781765328
62101874767668972488411395603494803767270363169210073508340738652616845074
82496448597428134936480372426116704266870831925040997615319076855770327421
78501000644198412420739640013960360158381056592841368457411910273642027416
37234882145241013477165296031284086584197879511165115298278146203791398550
06399960326591248525308493690313130100799977191362230866011099929142871249
38854161203802041134018888721969347790449752745428807280350930582875442075
51348166609278793535665212556201399882496284787262144323628536765025914504
68377635282587652139156480972141929675549384375582600253168536356731379262
47587804944594418342917275698837622626184636545274349766241113845130548144
98363117897844897320767195087841586188796929558197332506999514026015116755
29750575437810242238957925786562128432731202200716730574069286869363930186
76595825132649914595026091706934751940897535746401683081179884645247361895
60564794263580705625632811892696630264795359510971276591362331808669215357
88607812759910537171402204506186075374866306350591483916467656723205714516
88617079098469593223672494673758309960704258922048155079913275208858378111
76852142693347869218952406226579210436203488529262679840139532164587911515
79050460579710838983371864038024417511347226472547010794793996953554669619
72676325522991465493349966323418595145036098034409221220671256769872342794
07088570704742931733291885238967219713539244924261786411886377909628144869
17869468177591717150669111480020759432012061969637795103227089029566085562
22545260261046073613136886900928172106819861855378098201847115416363032626
56992834241550236009780464171085255376127289053350455061356841437758544296
77977014660294387687225115363801191758154028120818255606485410787933598921
06442724489861896162941341800129513068363860929410008313667337215300835269
62357371753307386533382048421903081864491840937239440334052449095545580164
06460761581010301767488475017661908692946098769201691202181688291040870709
56095147041692114702741339005225334083481287035303102391969997859741390859
36054335996970756044601342424536824960987725813110247327985620721265724990
03468293886872304895562253204463602639854225258416464324271611419817802482
59556354490721922658386366266375083594431487763515614571074552801615967704
84427141944351832756984075526779264112617652506159652354571879566731709133
19358761628255920783080185206890151504713340386100310055914817852110384754
54293333891884441205179439699701941126951195265649195941899754183932346 4742
42907027188752235343936736336632003072327470374071239825620246626519740901
99762452056198557625760008708173083288344381831070054514493545885422678578
55191537229237955549433341017442016960009069641561273229777022121795186837

6359082255128816470021992348864043959153018464004714321186360622527011541l
2228380277853891109849020134274101412155976996543887719748537643115822983 8
5331230717511329619045590079380642766958190148426279912217929479873489018 6
8471676503827328552059082984529806259250352128451925927986593506132961946 7
9625237397256558415785374456755899803240549218696288849033256085145534439 1
6602262577755129162007727968526293879375304541810807292858919897153817973 4
3496187232927614747850192611450413274873242970583408471112333746274617274 6
2658241532427105932250625530231473875925172478732288149145591560503633457 5
4242337791603749525024930223514819613811625639114156103268449580725082734 3
1765944054098269765269344579863479709743124498271933113863873159636361218 6
2349726140955607992062831699942007205481152535339394607685001990988655386 1
4334957816500899616490796781429011483876456821749140756237676184537751440 3
1475411206760160726460556859257799322070337333398916369504346690689482843 6
6299800374145276277165476238255461708831898108688068478537055364804693509 5
8818025360529740793538676511195079373282083146268960071075175520614433784 1
1454995013643244632819334638905093654571450690086448344018042836339051357 8
1572739733345372842633721740657757710798305175557210367959769018899584941 3
0195999573017901240193908681356585539661941371794487632079868800371607303 2
2054742357226689680188212342439188598416897227765219403249322731479366923 4
0048489760590379580946960417542796137825537812239476461478329269765451622 9
0281701100437846038756544151739433960048915318817576650500951697402415644 7
7129365661425394936888423051740012992055685428985389794266995677702708914 6
5137368922061044154816621568042198384767308717875902792091759006952734566 8
2026513373111518000181434120962601658629821076663523361774007837783423709 1
5264406305407180784335806107296110555002041513169637304684921335683726540 0
3075098290893646120478911147530370498395283345782408281738644132271000296
8311940203323456420826473276233830294639378998375836554559919340866235090 9
6796113400486702712317652666371077872511186035403755448741869351973365662 1
7723592229396776463251562023487570113795712096237723431370212031004965152 11
1976013176419408203437348512852602913334915125083119802850177855710725373 1
4913921570910510960559885999931560863655477403551898166733535880048214665
0997414337611827777233519107412175728415925808725913150746060256349037772 6
3373914461377038021318347447301113032670296917335047701632106616227830027 2
6928336558401179141944780874825336071440329625228577500980859960904093631 2
6356213281620714534061042241120830100085872642521122624801426475194261843 2
5853386753874054743491072710049754281159466017136122590440158991600229827 8
0179603519408004651353475269877760952783998436808690898919783969353217998 0
1391354425527179102253970108106321430485113782914985113819691430434975001 8
9980681644412123273328307192824362406733196554692677851193152775113446468 9
0550424811336143498460484905125834568326644152848971397237604032821266025 3
5166939140820499473204860216277597917712347510975024030789357599377150950 2

1751693555827072533911892334070223832077585802137174778378778391 0152341320
9848942345961369234049799827930414446316270721479611745697571968 1239291913
7409829258055619552074342432959828989805292333664154192563673806 8949420147
1241340525072204061794355252555225008748790086568314542835167750 5422948032
7478304405643858159195266675828292970522612762871104013480178722 4801789684
0524079243605827424674430767216452703134513541676496689012747868 0101029513
3862698649748212118629040337691568576240699296372493097201628707 2001898354
2369036414927023696193854737248032985504511208919287982987446786 4129159417
5316756025334353106267452545071141814832398806072971402347255207 1349079839
8982355268723950909365667878992383712578976248755990443228895388 3773173489
4112275707141095979004791930104674075041143538178246463079598955 5638991884
7737813413470702467473621120489862269918885174562517325193413520 3811586335
0123913054441910073628447567514161050410973505852762044489190978 9019843154
8528053398577784431393388399431044446566924455088594631408175122 0331390681
5965925105468580131333815217641821043342978882611963044311138879 625874609
0226130900849975430395771243230616906262919403921439740270894777 6637024881
5549932245882597902063125743691094639325280624164247686849545532 4938017639
3716156368478598237159023854212658406153672286071317026747401311 4526106376
5383390315921943469817605358380310612887852051546933639241088467 6320095670
8971836749057816308515813816196688222204757043759061433804072585 3862083565
1769984267745231958241826836982701602374149383634966293515768540 6139734274
6470899685618170160551104880971554859118617189668025973541705423 9851355600
1872033507906094642127114399319604652742405088222535977348151913 5438571253
2585404939460108657937980586201433660788252197178090258173708709 1646045272
7977153509910340736425020386386718220522879694458387652947951048 6607173902
2932745542678566977686593992341683412227466301506215532050265534 1460995249
3560508549217565491348309589065361756938176374736441833789742297 0070354520
6663170929607591989627732423090252397443861014263098677339138825 186843165
0102796491149773758288891345034114886594867021549210108432808078 3428089417
2980089832975369406449699031253998639195816014689952208806622854 0841486427
4786281975546629278814621607171381880180840572084715868906836919 3933818642
7845453795671927239797236465166759201105799566396259853551276355 8768140213
4098290162968734298507924718460568748283313812591619624761569028 7590107273
3103299140623864608333378638257926302391590003557609032477281338 8873391780
9696660146961503175422675112599331552967421333630022296490648093 4582008181
0618021002276645804002782133367585730190113717546727630590443531 3131903609
2489097246427928455549913490005180295707082919052556781889913899 6251386623
1938005361134622429461024895407240485712325662888893172211643294 7816190554
8680549434410340906807160880282279596869501336438142682521704728 7086301013
7301155236861416908375675747637239763185757038109443390564564468 5241830281
4810799837691851212720193504404180460472162693944578837709010597 4693219720

5581140787759897720720096893822493032368305158626572811146379969831375179376232151
1125234973430524062210524423435373290565516340666950616589287821870775679417608071
2973781335187117931650033155523822487730653444179453415395202424449703410120874072
1881093882681675120422990404948179449472732894770115741394412284555218284249222406
5875268917227278060711675404697300803703961878779669488255561467438439257011582954
6661358678671897661297311267200072971553613027503556167817765442287442114729881614
8027052438068176535732755786025058470840132088379328160087690813004924914736825170
3538221961903901499952349538710599735114347829233949918793660869230137559636853237
3806703591144243268561512109404259582639301678017128669239283231057658851714020211
1969570647998140315063304514156441462316376380990440281625691757648914256971416 35
9843931743327023781233693804301289262637538266779503416933432360750024817574180875
0388475094939454896209740485442635637164995949920980884294790363666297526003243856
3529458447289445471662092974954966168774141208821304770228161164560440072363515811
4972973921896673738264720472264222124201656015028497130633279581430251601369482556
7014780935790889657134926158161346901806965089556310121218491805847922720691871696
3163300448580201028606578585912699746376617414636341595695395542033146280265189511
6793807457331575984608617370268786760294367778050024467339133243166988035407323238
8281847501051641331189537036488422690270478052742490603492082954755054003457160184
0725745369381455311753542107265578356154998744474804273234578800618731493415660463
5297977945507535930479568720931672453654720838168585560604380197703076424608348987
6101345709394877002946175792061952549255757109038525171488525265671045349813419803
3906415298763436954202560802776144219143189213939088345431317696851018401038444723
4894886952098194353190650655535461733581404554483788475252625394966586999205841765
2780125341033896469818642430034146791380619028059607854888010789705516946215228773
0901044674624979799926271209516847795684825833414022664772108433624375937416105367
3404195473896419789542533503630186140095153476696147625565187382329246854735693580
2896011536791787303553159378363082248615177770541577576561759358512016692943111138
8635821596676188303261041646517148469793854226216871614001223782137797741312689772
6671299202592201740877007695628347393220108815935628628192856357189338495885060385
3158179760679479840878360975960149733420572704603521790605647603285569276273495182
2032361441125841824262477120120357763888959743182328278713146080535335744942976217
9678903456816988955351850447832561638070947695169908624710001974880920500952194363
2378719764870339223811540363475488626845956159755193765410115014067001226927474393
8885899438597302454148010612359080362745852884935632515853843832424932526660875889
0831870070910023737710657698505643392885433765834259675065371500533351448990829388
7737352051459333049626531415141386124437935885070944688045486975358170212908490787
3478068143663233228194158273456713564431715379678180581958524648400840329099819437
8171817730231700398973305049538735611626102399943325978012689343260558471027876490
1070923443884634011735556865903585244919370181041626208504299258697435817098133894
0459344719374938776242324098528327622666049423851297094532455862521036008292866497
2417491914198966129558076770979594795306013119159011773943104209049079424448 86851
3086844493705909026006120649425744710353547657859242708130410618546219881830090634
5881870387558562749115873754210646679513464875867715438380185213482819158124625993
3516019893559516796893285220582479942103451271587716334522299541883968044883552975
3361286837225935390079201666941339091168758803988828869216002373257361588207163516
2713328105181876021048521806755266486739089009071951380586267351243122156916379022

7732870541084203784152568328871804698795251307326634027851905941733892035854039567
7035611329354482585628287610610698229721420961993509331312171187891078766872044548
8760894101747986471378824621539559333332755620094395804345379197822805903959599274
3691379377866494096404877784174833643268402628293240626008190808180439091455635193
6856063045089142289645219987798849347477729132797266027658401667890136490508741142
1268619698620441269652829810870454798615595453380212011556469799767857389201862435
9932677768945406050821883822790983362716712449002676117849826437703300208184459000
9717235204331994708242098771514449751017055643029542821819670009202515615844174205
9336581481349026931115170938722600264586305613256057925609273322655793462808056834
4392137368840565043430739657406101777937014142461549307074136080544210029560009566
3588977899267630517718781943706761498217564186590116160865408635391513039201316805
7690341725964536923508064174465623515239290504094799531840748621512105618338545661
7665260639371365880252166622357613220194170137266496607325201077194793126528276330
2413805164907174565964853748354669194523580315309196916048009946068149040378198 2973
2360930087135760798621425422096419004367905479049930078372421581954535418371129368
6584305538427176280352791288211293083515756565999447417884383815651484342298587042
4559243469329523282180350833372628379183021659183618155421715744846577842013432998
2594566884558266171979012180849480332448787258183774805522268151011371745368417870
2802744524429054745182346749195641885512444213377835214238659799259882032870851093
3838682990657199461490629025742768603885051103263854454041918495886653854504057132
3629681069146814847869659166861842756798460041868762298055562963045953227923051616
7215919686758495236352989357885077460815373214546429847923105116763577494946229525
6949766035947396243099534331040499420967788382700271447849406903707324910644415169
6053256560586778757417472110827435774315194060757983563629143326397812218946287447
7981198072256467146640548501310096567863148800903037493388753641831651349825466946
7331611812336485439764932502617954935720430540218297487125110740401161140589991109
3062492312813116340549262571356721818628932786138833718028535056503591952741400869
5109261675414767926680321092374670872136062783329223864136195941213392780361182763
2410600474097111104814000362334271451448333464167546635466973149475664342365949349
6845884551524150756376605086632827424794136062876041290644913828519456402643153225
8586240431418386695906332450630003922131926472596269151090445769530144405461 80378
5750303668621246227863975274666787012100339298487337501447560032210062235802934377
4955032037012738468163061026570300872275462966796880890587127676361066225722352229
7392064430935243272281008599730951325286306011054979156447918450046180467624089289
2568091293059296064235702106152464620502324896659398732493396737695202399176089847
4571843531936646529125848064480196520162838795189499336759241485626136995945307287
2545324632915291101287637706055700609531377527751867923292134955245133089867969 1651
2907384130216757323863757582008036357572800275449032795307990079944254110872569318
8014667935595834676432868876966610097395749967836593397846346959948950610490383647
4095046952260638580467580730699122904740898791668721171475276447116044019527181695
0828973353714853092893704638442089329977112585684084660833993404568902678751600877
5461267988015465856522061210953490796707365539702576199431376639960606061106406959
3308281718764260435734253617569437848484952501082664883951597004905983808121052211
1109194332395113605144645983421079905808209371646452312770402316007213854372346126
7260997870385657091998507595634613248460188409850194287687902268734556500519121546
5440638292538512763176639220509383452043007730170299403626154340013227639109129883

27863920412300445551684054889809080779174636092439334912641164240093880746356607 26
23366958427645836982687348158819610585718357674620096505260659292635482914990457 68
30721089324585707370166071739819448502884260396366074603118478622583105658087087 03
05567595861341700745402965687634774176431051751036732869245558582082372038601781 73
94051751304379948688223200443780431031709210342616749980000730160948145863744887 78
52227307633049538394434538277060876076354209844500830624763025357278103278346176 69
70544287155315340016497076657195985041748199087201490875686037783591994719343352 77
29472855379257876684832301101859365800717291186967617655053775030293033830706448 912
81141202550615089641100762382457448865518258105814034532012475472326908754750707 85
77659732542844459353044992070014538748948226556442223696365544194225441338212225 47
74975354946248276805333369832841561386923634433585538684711114304982483989918031 65
45863828935379913053522283343013795337295401625762322808113849949187614414132293 37
67106563492528814528239506209022357876684650116660097382753660405446941653422239 05
21083145858470355293522199282727605748212660652913855303455497445514703449394868 63
42945965843102419078592368022456076393678416627051855517870290407355730462063969 24
53307795782245949710420188043000183881429008173039450507342787013124466860092778 58
18110409115117293748736278878749074652855654347488868310641100510230208751077689 18
78152562273525155037953244485778727761700196485370355516765520911933934376286628 46
19844026295252183678522367475108809781507098978413086245881522660963551401874495 83
69269177990471207264949057372642860052114035812310760066995185361248627467563758 96
22529911649606687650826173417848478933729505673900787861792535144062104536625064 04
63728815698232317500596261080921955211150859302955654967538862612972339914628358 47
60486276270273097392020014322487075823373549152460856082103288829741839064788699 23
27369136004883743661522351705843770554521081551336126214291181561530175888257359 48
92507108879262128641392443309383797333867806131795237315266773820858024701433527 00
92438032669517421195076708843263464427491275589077468635821621660427413151702124 58
58605623363149316464691394656249747174195835421860774871105733845843368993964591 37
40603382159352224359475162623918868530782282176398323730618020424656047752794310 479
61897242995330297924974816840528937910449470045908649918727273454135081019838818 64
67360939257193051196845601855782450218231065889437986522432050677379966196955472 4
40585922417953006820451795370043472451762893566770508490213107736625751697335527 46
23029430312035962609534235743972496592110106578178261087453188748031874308235736 99
19515634095716270099244492974910548985151965866474014822510633536794973714251022 93
41882585117371994499115097583746130105505064197721531929354875371191630262030328 58
86585284801935092258757755974252765840117213423236480840271433563675420463751825 52
52494432965704386138786590196573880286840189408767281671413703366173265012057865 39
15780703088714261519075001492576112927675193096728453971160213606303090542243966 32
06743235827978893323244057791992784846333397777376559018705748068286783479656241 46
10289950848739969297075043275302997287229732793444298864641272534816060377970729 82
99173029296308695801996312413304939350493325412355071054461182591141116454534710 32
98810478440677801380771314654000993863064812666143308582068113958383191695455825 9
42689576984142889374346708410794631893253910696395578070602124597489829356461356 07
88983472419979478564362042094613412387613198865352535831299686226894860840845665 560
68769545012744866314050547353517468730098063227804689122468214608067276277084024 02
26615548502400895289165711761743902033758487784291128962324705919187469104200584 83
26140677333751027195653994697162517248312230633919328707983800748485726516123434 93

32733566644733585564302352808839243482787608861649432893991663992104883078477770480457284914563033532650700295889062659154985094079727675671297950100982294762289618915914415200322838787734851309790810191292672271037778890539641563623641691549857684084084088616843754070651210390625061281076637990479088796747780697384731704752534421563903872012388063236880370179493089549007763315230635483742568166533616066419800301882871237674818983302468363714883092592833759022789425880600872860388591688497306939480205112217663591382515242786700944069423551202015683777788518246700256517085092496237477268136942843500629388144299879053010562173754591826799732177350293689280652100253962688074980926434580116557158867004435039765053234782873273688408635400027406767838219635222265392909398073673913640828987220177767471681181958561337215831190546829360832369761134502817578302029348459829250008958262630271263295866292147653142233351793093387951357095346377183684092444422096319331295620305575517340067973740614162107923633423805646850092037167152642556371853889571416419772387422610596667396997173168169415435095283193556417705668622215217991151355639707143312893657553844648326201206424338016955862698561022460646069330793847858814367407000597697036490192733288261353293631124036506986521600638987250267238087403396744397830258296894256896741864336134979475245526291426522842419243083388103580053787023999542172113686550275341362211693140694669513186928102574795985605145005021715913317751609957865551981886193211282110709442287240442481153406055895958355815232012184605820563592699930347885113206862662758877144603599665610843072569650056306448918759946659677284717153957361210818084154727314266174893313417463266235422207260014601270120693463952056444554329166298660078308906811879009081529506362678207561438881578135113469536630387841209234694286873083932043233387277549680521030282154432472338884521534372725012858974769146080831440412586818154004918777228786980185345453700652665564917091542952275670922221747411206272065662298980603289167206874365494824610869736722554740481288924247185432360573411672850757552057131156697954584887398742228135887985840783135605482905514827852948911219053831956242287194847594078593980479010941940706717644390327307121358873850499936388382055016834027774960702768448802819122206368886368110435695293006521955282615269912716372773884189932871305634646882273982887631986457098363089177864870866761854856800476725526754147428510281458074031529921978145577568436811101853174981670164266478840902626828244482580275320945499151045185177165463118049045679857132575281179136562781581112888165622858760308759749638494352756766121689592614850307853620452745077529506310124803418045840594329260798544356200937080918215239203717906781219922804960697382387433126267303067959439609549571895772179155973005886936468455766760924509060882022122357192545367151918348725874239194108904441159599327600445065562064611646556654875942473692523369559930303550958176261762318495619064948396730020377638743693439998294302091470736189479326927624451865602395590537051289781634554233201149759948962782424274837880327014186769526211809750064051497558896502930048670652080104915378854139094245316917199876289412772211294645682948602814931815602496778879498137772162293594378110044480607976724292762495107841534464291508427645200020427694706980417758322090970202916573472515829046309103590378429775726517208772447409522671663060054697163879431711968734846887381866567512792985750163634113146275304990191356468238043297706957701507893377286580357127909137674208065654936246461041260024379684543777339026472512819416320076848736251764065967540693621758879307855916478777274739272002910342949562447661308200729250734529170764226621047673037863169954237455117456522022278332409680

35246676631908610112067458562873174135111622920788651329412448154716281820798771 68
34634132236223411778823102765982510935889235916205510876329808799316517252893800 12
37817434896832151590562493347370206832232100118637395770567473867102173212375224 32
52416263580343762536060806691635715945515278178039217743228234366337728111863905 11
8930759016666507429527583840085446354193171905313636597249015840910658220181473 47
99022359067138146905116051922301269482316113417439944714833040862484269139502336 71
34124251238640266572581309439676219396554073865242298978797821986379182997095579 24
74732030323911641044590690797786231551834959303530592378981751589145765040802510 94
79123421758482841881950138546165680301755035580054944894884871351605375593402345 74
8979516602442338321406030009593710558845705251570426628460035440282367876855098267 8
16176552037579565548167789603892749835560879154117774942357340076416109329400389 99
82199267257086957326068774974224802023307525187650255968420760693229988587579898 89
6460744381788170081548895226516722834045277219106991415764639485231126794730865803
19507645519767562895742888179681209002638714525785831527761510908863174024369568 05
67873015235427804793414266495223833707117511265375503942372098784668004913947344 653
07140796225972871305030772587148755705025825734668666138023514260561161974055434 36
54869800544487929597028759035225840978268359866644658604569424139072909526624993 29
02973440568160683805726626057277088407073471496060064561454070734432782514087474 27
55067223048453570060922143900029929816082117170479171614505191008132670375214930 740
56785331110605835291278100739174994919784511291591368110739405517520801963053935 07
40248509553772500367054665162330430425087442324262404632115078997336929985407041 65
62610419767002024150948924118560924096376044296120023645907064497706272079190192 35
9648070489236369798601982830872842285647523531628827913242955248144475055219096720
46080689545181712204930321853740627247421519740305769043602686360780792004776232 42
95518294735220272443763390277213920877670657162416397517858592544269234285352743 28
85633685078965196207251941655601870370550218462845434257850383000095374518292958 4
40464918838685793483961151297160581665745096703677495836666693121881763679644943 61
71304160372430506584851317492640558551940180051809084752118682246169761492432383 19
4864344159085580110730703112015022434160731579295287529368358203970033891121141706
85219366589789459503154389589015303827143001929589074149943592894083097077078362 87
59144840370450386189669758112018523192318686599680385838123703291562075788359487 80
94168820553160512819015264759280757495815456422134145937816705699286829989561198 23
53837157880480478704584175394665497690173220310890070303362911767308448450372145 66
96444014695451738574341578101586187838392785526093991305702555755590609470514980 93
48777332007279757303824598946680968082222134848587382299928179409082566520958165 54
72475244566743697594474686376332428904269776106791933910983300422310293728298798 90
32093910926828363061736101738781236798986451493117024371282858826304862988844922 07
41564060714705913740552466575697187021735528724543942771480917936443765063786186 13
24348635797411258520863459927803688792498354363298457687650165065115345008695721 23
95075447856831736315571535270465242352597375134088254616096614407466755142268360 31
95980107215246355106917187133573168548563128085783443562367095965094994698482046 11
85118086034202821331801249410991502601435450017432730793625113070298250499417994 28
44511464793291545995559095878076216366685917910654359660652535253202736507259891 21
25568684280207724648772201099663182955955290339331228436486447597356085984076094 72
98389542433932623153239918981852264180831296333546356874828863465618504810632288 80
55967378445620009414656034992808794051153100575871295525719641115068503407737106 04

38037125957559698594936205847751202635494734753474818926225419035267161442928 48998
575367406921652716300860606543737368235565886264863436891532180955722044567771 3736
831045807558452961283283260631962972852796667436297480082131862792186904428434 2630
735760703999669430789508147269730253817375694922751795354326156912040594832860 9499
923664122878812264191485048563280720664185570595203750303229168944894275783060 9091
085241060140068327420558396977382315073499610875876370425556496408685507194225 6344
966732430656259250474581762733281816017019698166542426378763601453035946538450 3254
766749997373408356651381860251565202836373891710165454148826744480091057041861 6262
683797112088614135727961109908829297022969212818097879895139150427093678644498 3196
420134566833908775943006442485623012124614511697921939634409508083229281294270 4365
991464827499843759421130204182973084171788130903795585456032471708191953027714 6579
455547554475428443440813938890860977601785738930751866190650501807716500184074 4325
854024184360501118242990702323417243674525365349594799063334540754371812699399 8337
192184854187359798453489345922685150681826624900780293350126588249742262418853 5252
663670282766249934982948748331061764208429016923052899608978604130065109028179 805
015389222202365757655815866114091993948615992091599175533417830333476431316350 1270
539069707932656781241590643428472136023521823674121473312449994433415591527431 5931
687477882533155092770336202901222597794809855392200064527162280855398278906584 2334
475528212765176505726632676911410750348458718969964348757751384791481836351006 2146
681858509634888708145697672202016799119946241777668890791713686594596072646853 8810
778783002161368276697026223459418737476733537998884403427046803042551694127158 7393
203984443746045478161130566251764127598211819396611018505628805559425660600323 1211
618099462212930100247091334715068226843045868030090424286168202556214094608790 0065
191099495570815816505828983340739466084457565780636690272843462018587328252924 7965
052866814080503538519837523637451925622795490290557907030283950104854835929834 54281
448730435804705331508150503001521428117175393649133166172621235405527863308002 083
177055630294963594201654333094094177196326234119387105161570101798053551679370 8602
913667569860971241203685838129576953077981413657001747613569669861460684914396 9957
383763169582460251334210807262171360194301808720988855141502416381832575259593 165
531865833117126857941527206612218422661411825154657484878312610347834546749258 3087
299854474212064450952332450508774314961665552517971680209917200264093749219075 6993
689633028139164720896358177173555584859270652450486251641954055080134351032338 9813
378302497701822754906381499964723334079613041469739476372650869273347108415685 6084
309213162404346298639208416600559045985064912435052647660676003444416181864036 7008
377411410109432058895559865867007786367189694408962232137403411359719913313594 6553
685446692367652589012108413777432482191812747847892287264892970032371873456157 9815
998348391004126010507469645994303319788106349139238124905030614334079183280040 6390
709867259619709831126596014747372533052685371774214654400587392462372617364905 198
713368067723952570781360686683261395014329509474851594724667527201684316586608 8075
127685847555411843811690116220055521134844889606682592274313190079630115870846 7011
765493539304656335622531124472779666900583119061610197266307397054253143981845 7379
449486780134618217875939076999602029083965677287846905736401564015047696448993 9475
414746083399186968892711569423454926512466455077925540281050376220359675305586 0185
649205606287909076945333920880884947782889485112215474323019138324556299388102 0614
490266876010207753210915684977830740859649857967152617010039475494539917698791 3235

46550106407355816999409756248149967443278429202762644189793918158394562708173301 58
21602255196598987693761640198612074667550488611108557267645070526224461302223358 52
07227362048505728923881588493875453522918639971438088406175728622095012250651586 31
04258884134355431973729856217753072022629475552483044445340434888878581170341345 34
25223543194078779728467601815832270977451809293421931898158124828326589500407048 55
20609989378390034191416304446391638805496587865013750463416956551566182988786307 058
42306967660254053024811471007899784211830489010464056896539702885595530925558636 05
21589573751140895649058441567749371058596480143158746144912505492531911646538215 85
19737009328019453032057262845265804604633781663142993307664664653076059054896288 87
24189716060225882617577539922055131509377200624863085556282049357575272499556708 922
16342339836025653287310291940070411769192208500151167356701019589710017970195781 20
89291096941775436990436820256302405482262540190569650771058157424072149633956036 52
70283334407305750073674562260584649886115101689612181119058471714461068719761017 45
65873737967406971374232387538390303172002002072059284887851239117464716737437379 23
28388196620168762219134623389376259952702567213862211245898021213050140728890430 03
22535504095866818724139369938193069148744717186646183111942603161664070377316487 00
18647996002430440032422418094022785333090115098808706782688353172007675225531380 08
81878043169019007280483179928741412547612308960683309582837766768828757868868309 29
76001011974533898331952588619630132917094385816615374171794496319177154312506959 85
34812856846193776698942774591709188025200127499055594072896965947933316722436215 67
89677696670803522903901848573080627567086765862710476940920356559302535274341896 59
27002227049233186829991560936413757004988537304596396152734629396749517480626964 5
17930187199867885375814159757993148066085572325683743052827641756700502880404894 29
89958094810353483393414492788592526219241554723199714338508663732092663272824351 49
33640704589683852345624744361175256766987767597223439206357507471552918102762614 01
29924804228839902978799254185174991296302839907296355885798905933177959087690739 05
64602562353335672215522594688382984528829229662751371624221729546786707158409241 840
84147557582539385240963302051349704740695391195678979817278609204622868397357798 15
11186815265988460694975896548131465115039262637774951376155724819511611987725034 45
64710738513435927355538712462375598193813214238441581929070046389771683887207916 36
17414324970791096581627464297170728717251427458983568970955346268201690853561089 44
89840710058192030217694512077177458879551951047338418473998079630676788584516757 57
29904306971542642383498009870869933670912108394453506245922432312348278549660374 65
71880148929379451478705406079245759006012196221239287200172155886663457349714095 33
72115165598575794172441988902616701610161155783431502546032878119842402748460851 07
22406677677876085524761777383308950261006438830550205456324346167859451941795669 87
49685152448838475136181806671083161655642093692705206118985172926171417144346555 08
70630606355101294940030975916779915842604919712095432270267843265429657240327208 87
14321999645313202587109677165128549669962552698607311763718207498827399770601991 36
20930832307368382064557325637659829125781314922242204279712414416299512659456397 92
75938038380478262316042432539913285112303224703756194232173304785407857624401329 17
17992979240783390715757981426816864655382946847399205888631655934919867896962840 44
73449680240770928137640810335225524271740410767356542444100448334744010172644105 2
95478729634589864050120360802445119035099497449397361718157527709378020923666813 58
41636268319263406714182797421342546220705415600050959674045616840451771747952790 35
32549325891204833857465900967817304160005210889346107687540042419778030828851812 00

17336955912713771419501136130440975327919050489158324639914348353164868154857 91786
329351239255525102111827885736960602769313014696143344964230211438248370563 353279
3858895267672076688971274435815632088106650149568143558796576909857765902768 707453
65927636497555344961730807816098710324801379513617036776345759497568620801399 63745
51762425147780628722265971455482906769295713643572152674468978894188207512922 2575
6509143552887461419509786242752788157156640076372103780319404309584427254926 9987
16923433189002214150311399876526068876156674021019720171960239086108297492763 95695
4115303227546017387079562599357978530244347671639959146231793123998998692843 797570
24923695515872976838540052276514956144471059719628898881571094151717015181147 43513
64385400511624620213117480079198374970010047136343252328157891135545045337190 52750
6822915618500332846956792622620819044247334036250389279207158596003936315336 884272
4375366799698647934741133198328619441460653922784099903143840354565047056789 552024
8271760118743356436902435030856313095590552503904927316133117349225846446090 245350
7919018441129932169977045183285358648042855682220873721361649058630325636891 308410
3760215679927020005322355439804653119339775459044045078568021398465009693429 547310
2692499475864660580916998416068464608729394380827430828581747969417287299031 10131
9267557389798409136425347969494348037770336463495847686298259010347072786121 862300
1986607987782684245933853638919570200685352160321163523006498744600200170413 056985
3651546687520238593751832803728511432748116996836928492204473805706334966187 112409
4783591586962685864358914135985425357768877493274363451475448864068681803036 965243
1755688300205860773256959716086485415834468432489963077011371344675156930244 885482
0771241335577323069494580672678452359436315078727281579015730700331787968544 362795
2571902362327461426286873273800949774112285623766321490465329407202619753907 174042
2259539242888164559796570030957141389106936845036268231053986743753240052701 534745
8933256795149418545378088270634572959621690853835353703814181155738163782090 325615
1986974535764641212549807600515614170729804699481359348315056811664279321933 527982
2714715767340186088721518799669350252700757556099719882863064285448128275139 280694
7027501481632897273143473485285295046048832716739789815636788047804436021090 073207
2736974934463049973144257156043313369038761810094887312071348271081588985748 326585
4207510077953118326861708037070935927614936782530858340482351003632166378957 426202
5503501168615434073795045164828967556983589355220201736795480757819095026979 812711
4870343119036311224612829530382051287043092947197459469082102563478899543177 152437
9696211281224503426066399268852133079196370277780448857920573046990800923440 186638
1132520971230964760599899479257598510081730396068222199753273016065826285275 825766
9507854726034938298133582528178670608512656002268871781125359782933734779141 273628
4188656175920832879447410969703879854736984025458063294835022359393543587480 223989
7609162962501104739311694491006669072306346931301697118206325352692440384009 37242
8442820970936485690946892008737175325255703054353928727812301139808093867015 47488
5803445631871319602678548793893316205007675264112044390237583342724298699654 786368
5341028488573702547255023656634186809190383886707879072084036194021646701215 348379
7815183282647257862881520710108149955898033811896156944175676134071704653851 217090
2123777884333649651872119905407581877394397528364143953044245913903178813004 188791
8871145531482674699870555879310402403888840838506873416250716572741851349520 849636
7095554245043948394804597915622828248378793415272036226336956180555637107681 488889
3619275742659935823559431530887933052767558747512365065843969475604297192002 319868
0243517199378681003611023125683642560795974105741536282971800464977485737183 786390

3703901539737491165468549971645394161121641761071714540176519056505252066227788312
9045719693205990241375395983861982603205495839501675552509644137118222561496014003
0230354078992096986775078672000380742679705303071679322960156486228085184033523501
7060858951291222324611783025316328943946073652771336511631646446199099021224922 41
2315168992767855863736315526002503488487813233001910189399616702731416999626511945
7426367619650024347371727290284622097983948710659822700099549188777696188505432 6532
1180221944428222842515255614118743401804194614139451471287252759239125596443735683
3972896331267678234910356332961294719101515714311579549093390326141191865475237624
7215311020793691158487422058227473432017355850771224379698579654915806279502740977
1688611480761631516185530685669245717176922044366843312739893379411162972245169998
5468562215702417594711769952916550211685500108985761934639455908826270775311465775
2238846343519376539734984802454976076024403080844890106838786972612370978357824516
6801171485983679405529046198262165669172027426285482393396001825459940925430816969
1032978411234022885600190549342750223185294712829609693976813734197704278121300147
3286776057194059699792755124617184349569856417128724811834654206423187145518241528
6763056751311626771773506175112454633879942652912710578995671805721436557918 35069
1777930704075732904397494995822410623810514917650238504182730096620171750940590805
4089572837554063551522199658207573513157075923615398639459211155864000988097552610
5383825689927215847850417460651615113378833609760121148487005560165812492470682568
4427204547289630942030665044529864622359422600855499158914995360649842803457949275
7009497959450602378775019470624632394954957823082283066840818802521076639074230973
7209162853371768062164469354323179178553058331714208479886303408465726426939557002
6857605753934788858709460058272323051910811751423491268733658596079989173292891589
6001815091816337400806035475200051511751029012299248709615459280262060761698272181
0291673155489294237408519674330791660784990557821019357136624359908836138598085161
5641747694605478554008195353067080308969763045294686823321053287823743894411568517
6271711636309401479909649456354592950130739003626821007326370082356150691269643183
3517162543903046989893142615442635951136346605737865495124457475262167895470362890
4830484996840377225134319373744123661858694458806401858407314763379294038634 0435
9194198723552630156546080518686760680431608451284591604244132698791253856029915996
7278766195195053176488313469325736689464443825581391084862096637426745798313012 2234
3872583124422033094571457541470479293875858238997738515213523723895596643122356432
6262860114748908681715928106687270840082033771869215352352692634722680908259898898
4002620815217828261122931311820866007099686036540918326807558247767069504 10997586
1436243552161945353029200254667367996485043373133495208210751199258926638995647569
8587079018561237915788643744690378715095001125502100388453119236529655994619004748
4662064234794232967060529003709175578188708193522146871427235277632559898 08694872
1113845980014123842163827824412736542446748833381679716201128861914154019367129094
7899026466644315609837296150196862422825067230616672094354657142514930864248877859
8682759588749065077260250951829536765181182368616944724360783764294762469226319498
9219646440683169287661615060508138463194151162057790786307180123115945860389 65625
2655422334623445450739478869026815949751311688514369452102168831904461686297633252
2986385181885004928693572764766823855564636554496400631764828557578586661022855156
4859908820958689444362546986795238226861159699100563660829267915337538160661122478
6953132615853187176388598937779291889029987938798100036973078489592706254104848 5931
5854323395683104239029907026344379787569185543408976440760130844481978626507947644

08301349424235834281885915259293471436317533749589701072873501270788980481635045676
66769320755305184043244610074032167647183608370847506512693070766084982529900 03178
50305853682139512735038638246056425103377755809864643398017186208142663074172 59222
60005110913426810746701290143016541010649332122837908275150010035300156545975 08323
77296543969738204774162657106574082164996062622749618795334790706598897487177 95643
34064841745645747906925170149499810095353413548908754836327579522407206986291 02467
17035792514417667038860990698572626058124082533622521899200041897574576531512 3000
06444571593170177168863548333305192158205594611735771632113223393196532038619 90051
16178171334001070576652689919708169202219464704323795356411866063920558609034 45706
41517977821450547222788529872101978588460700474200284688737958442289499743336 56271
87799172113791616449254132971565287952953263975953853592095013863338050756136 95308
99547584883024261962758985941513780515805120257675404017857958524488311721050 89277
08922727343197382388468730716823024878868858551010807352278140537140652075810 72708
48167263977098731455162646911423286103036932984330300323676162714264067587806 73188
39715150027981633747790877503830798675940459107392103458740421961703492580818 9907
20596129158642020288573400911495523886510791137149533463976398818394880453007 50747
40372280093682053543049495194833283347007516197900868728543996298157560589163 762472
30691628711111376760864803237524596649304117539461364643378046711650550467067 1836
22128579504806716563042762671142999911348769844705037063790018109688862972175 79517
32433802780617470496302042492916619171886243355599282093243919445711886321556 32016
16542470553759386696246563341215410140322869909301591328858088312412428828763 73872
74283803859071029274863335150309044532805259779565892055456243429798279413489 17563
82400771612173324736428540160610044337641457220785921715591401037832020132133 83309
63807789040957238105588293927963743816606868351950592770195153616017221589042 87856
78482068291944169871819286273082704441630396254713053284388337913374687358261 2211
62583602728961624559041896770247453827583966522993712351630489833012421417455 78859
15942560597924277218199085562798486056174536844789237969079755945551546468531 63024
46232567403489584546225674485820204245739199425309426422450420268903815015268 36024
12559807597523648162809304891274615119623154611400822056396780658535407668688 22754
26503812259991620760170895567474446524234452017661650325945665912966786324621 379919
22296145867142248249288064768032108647799410041006003390679275237362546027742 96007
34788038356687522003482457694908456862696057715701919174892260635208129738797 44383
54832861369395624503929768057832234021716765559177668403757234844094617629312 88492
68993687138983882227106027903799001904558336007973927741092665573923314702590 92338
90654388422351324115388018559234956139930223919645050450369352927011566305153 35191
86418648234424999192720272953459590063048723608041595760029668121116831723660 38110
54280359144572024825645610571405546242082134352094810841715828957244507206354 68160
02305120140848054358742526171017681853883557558717415424775449772221419261315 52526
91091755633319323222432185254221827291491598105836897025035228130021411924860 14248
06807975369964777193949068046835528083473276103060494097330916903167830979346 36611
83278453186871646268073883365670456601042376850580139507443647963922284112697 94513
47730049249878649656367949099291327125289776519181754279628060849323755208153 61113
24033971316550439188796019838213858500077324246177884918758145964264233788979 33308
19488160040113126525635693244659398400636890315254722923991414474377069633893 57619
26039189247936317800831026114195485436051577871600495578865657970665885510428 82466
36305720777890226677704251268157197953322510763890368197628440286102588053923 39329

47467202408854127649238644760216116262082421299166036229918492378223630098347811195
22913821847326342285759120979805478285250591837983368017874112426447460022562411498
06914007409797210232785395756151283458061654111179267104279905793944971134946328950
45651286884784187175802050458328387485313736911351025506201027753458094391105001021
83397324565047288947687929892594501987507671223637918758647201214966061151280487091
64886305622844083936944387216921208492008515583812510707419551872080937469424597311
17281172105192890389637039423577686212766821093182736649840421249381440979598631
42254364839654999834790843070217643855543512574368282281530322223808347679511135571
01480631820045322072379489186357214910624252699399467101536684623410515333814268471
70627585203524099207972086991453730109551641503317628200196916411546026820723669251
52751418429969920539853433073068057372380504167197221127374050789272663406388506861
73445856077326664838457802771891147580132310551987841336521851907146068138986886711
03147598264611293795439526672867275994835590259744587868768496462683484434414135911
77145877660880778435718393293719373932364083563375766884682111179935055410208556188
84901020160050563954168745108220603555410817666460524124966224422804545243216032036
01946413560979200195024049792923673298924553990101980112140290868699920575891771
71880741461222050247285857153675307478143897305717872683663601576136100772286319638
85264623512553807731945956356796538236249992655180433079635962110674552852142902629
49826567553335273100468788657310472466493326567927331345122955059186232937393326086
07745135077530901574443829487339779605322849358301361837958264803212973684748175164
76913662110360369509106666505171711508278200932788358722598394046306837631811808904
42362621998812368268078579526219721668720174551747262781803268305854880397097
70479348310354398559078435527766760331398846052715031388563324676889271045958519328
95139167823857735772658100479825639355193520055204080028705967824973937478860528356
49359149783803779649600052124458347790017560424658666519980770288394385163809550430
49219603244360903400851746604296274309768387151945982644735940234282110447572911117
77958773134155360952759570898612586771456252399450075938020609355024892008476733229
30857422225502064556902391265436635785242724290560532057540308210145123820902174669
75797653475172501465837478848080537735150422224042957603613754324861996558919392205
04699982106293160967565179075132296077785755331026585842570866867645355209277482755
67545177169950878941180593630524994496701237598006553499873966639539441701705969810
15127193331184076792327185395398097640485278467438723164329100290654953086128333026
64007580129618499207022002555972156957588376168784364346792755863573972253564884133
06011928957464280935785808113233143311528748217976603971257952890036407198923328131
61164041693773662801325973822223742681891764895964227033803905929596496964821331144
73166765041976781108490966469425717069457007871264014486522428469488976172567465352
20506162107300101926248314682120355169950152200731638400413203033324231216708268546
89317584366304307843507859281044784926639526523987186441733800856816923213474297545
83269402161253332837900960648627785494126679513674045877416945596140762656625029900
69226726787603658713793279604184883939339346926354341548095183623323331752293703521
02914641331275203711716675487206347389232937851072902951446292741546761947942747166
91603049782928896147458702649979707920638724082502300642554499590401197410853516784
44090188064629374835443961440035352331030404117845722890295818058103212374382589870
27473704010683777715925126453570650830092147925834989247512745362200610585457599736
93135297078143742841340551954446721489415057452839171603715453082525558343202512542
41662445752456296445791076971715214709518505500355054390631

6882581057850746356562047914667680556984384552027709969719889807233714869563567031
7768776378974327349282934390514556706074460797047693164627812141713818274378561462
1970880870210642110573778514713588373773882407652804519142713748811055974471831009
3937519765980210024101251123081368260338474491087716132285766026393884928495989823
6565727204263572026374825649494912629141917130646280595669825493603261320192528043
4617043902892602799314043613702658201213128514881585731117821041310335728887181729
5262711200081475064026830464189887697478791731737038139991888242416994212152776045
1859567119094180737347933109970928315546816563952710104611376254066449586183854638
9822089967783295501114314995936803982223037136329574232173574464734210974149174364
1994731958840052638726959231836423254918455955045343778467094704509594201202114220
8641912790493599452137392487110743231495113804293793655436372172634819075711353127
0930795272952211247953149896990080946657476955651243605611420086639905609900038030
2506124236077503293413472890501316772809713162683495963409292243031195084878867103
5335200237127302029165929752526570392104214963495238570856057234346215769569851340
6830454833154590753647114699682420910232143117176922773853477041779407644100130104
8596092707211320523185382227444870243327103987811479127546080836115687792151311310
4500836636310075175110259002808642771502096271366239740107528844546833161821150278
9264307297635576105511246203324800531059951115054314848295534329598305742724517378
8652719300073232173623758732731489091094553740270481185557199051683938745352067970
8592118964078548950410940569965988715988633620779550452193215633612468530317470544
3940294182926355240155452316098682553138970188015397045962501691796648125015559323
1148267300563383579726032860177847414960045697257834956205873287301245145557634523
0298648149544100907883529801207012654109525184606662017674204525736799469077190845
3787482060802904825167017661982073061833123921935356900470521549893903446593388090
4750772416954365185807506640459443188862978723571603022481352204601090635214450828
0639749275512847694354996203399164488791974379020957188863200247502079102379073072
9637463263366745942755637845356913673455240148971259094803685662823210050039400731
0663207525728314711519263328928520696723934717509829526021254947643301953574383509
2582831113391153906337661737307723630279889869985799450165923769067548837988929400
6051628261400481504694828140330839164342486509396354589091328059511163345503656348
2451915058317949808318272813479505077271733594966337188214919283787116463903566925
7799424573943554730449355593968480327902086141968150826064810924688543383329866390
7454780526362916156279880318782827074516303278639075665336219750632242486457694597
5359667320060389826293000076125149479800895671245256955982758548576901246368659494
2242277271771518496417510715984163572072412243719680672039270647894278942171284264
1334271183184794413346064724314115015509855117124146682433123520628406572269260690
4747919644729752832274956981963277872816259540120205380732958250049744593080978240
9529912965423318498798800771681631986086512088315867256506594414061844683749631892
9137459934216034848228831582897309421614736892558516992715531155888876007217034102
4458744020844342827300467309795555666811501300338889583802314643138290026007632285
0347583078087889518031398102076278898517435347822512084675949743002443789584289568
0752663203627696299460180834941994912701365591308400058626563996391104068510412820
0715324625642637145635575769452849271126355771963250658965455364821254592633552572
9259528149934158787765156922311915102337344071699165647639820008969846298439977593
8539811213321810328198969945792617649358297483733877523528594640351382382306269453
6345810031936725020698280738433341175283157314342639896416347127053034775699155800

1858599701772111603710982739324147197937663864843160008415792725306116408501515001652030020001
4274337639041878862263527470225898484946907769474761327639105259940566038238237163694355547069
5817482730718247418272636272404623994402844447364245864447510469029976526749734435698570853909
5781915995859960967506128309101947488656507512613971363292764158349130420830090508511004140745
5744378492789857607261057697418196336967907551883832201734437643980536829626873285189395308155
9721384099875365774663549325311393625597895430009119142674075385925496901579734191837104016999
9179009456783596285732244714790732045696471978631540862841233325174812784828809848761022100995
7427834751646279055393851966889569651087606287295745908892017023867207401060245389415195473933
2814246622312689236265027205640264302177690318955552061127114631467170389157733900654528692322
7208081115787573749910353244466936165351752212468866080593973805468948675560258870687103081189
9892202421749529345821953530099156135536073159095673469906992487426800195382175246210534986275
0106132159075726024080430082786835629319838427105219835472751176423302799589268727305311835588
0568752761240919742444763356809568748444104546702835236514152765627008043630974774537678098209
8734980384982599248810670297754949535228299516546559850687428317628520857196139379782850577905
1499623213922046234152416823803889446624267373001896543376476503634125182850951208886485629477
1439877956655928074916489625621859267154146921767683960545008216421626056106423144435798230699
1965780470574714846007296818237228797756049608915817868672936323790241579204728364697021031399
7518009784159855060070553649387532125749616748758725835992595761507433918622843798830134604455
4088081780968549119454119347026896505991986041099765321119658106296655005116183651706202928809
8776091498461673164426864197089230648463056754573887202476016525776085293772109335844538710745
0272925919152462676235381797869306421534013163370113573563511109814182112966221073672626696156
7267483077524887444841676657370240048508393702558385910122669483580683915454791660164569148639
0523935977932446725588671741604855038711490317607553732194472830582219155807880752453696932749
4601747360524205864696869757706121867761972058749104516514271549542385392023252697512349546549
6309061329460056650728309872803387373515537522356318357025370006490492638080317374634854036114
6600048468762423108947237916500745179705248628467276633755173036873683856440370498066179092009
8317107882104981833155261485053735407503510822393924744563010969204227884473716968895091118579
3692689033665971852253777032962201670810655181267580094085251506847757921913893213809286961199
5312209050380181076587488368317882781425278626187966760682197703909326006729615127551252786409
3706989835444409613917379035454851804039733313748052358791095558304048153480453918785403824329
3690730431027406264177776265730103470333840211296690848180461624964873947345844121553025815229
1499458222499419419547256410317502114422808652302802134240931939327276781959906081125986239609
7339459896196917167977780259511631477576264028588262514815821643994413506196081175890461951159
8539082613354960388032371352224516968118059751218959002859179739086652449528040782713027004539
7743726785553250485039746375739464609840856589301848223416149865831503466082186223605801948119
4554903515474266266061295026878409754779814072682395693147248760982803450811893834040961534319
4863011248676465315478758454946522227531877356089083504383708112088244175993858646630939704819
1725300402030581340904474505115637705410350141668619124852526949334829785101811147232987404539
9612754022221909584405087230662326888849704223456700011949718579694940991489713853622794588709
4076099043285422812773058183040249451087063369869468674008948109753971009089476830410711529509
5063888765249054565999426077388634739455251144897203610479375725447239660235477481274941606989
3510131476402364194914610598055637570446515566712365256828270157445284760220781753972337164099
6986264920557668761564457744644664925477346729725557053882859078923175970676863982496629455569
0193873152710362720124293120176425224644803181954468333763994613138361445704160888342225371559
8783580701611560271775414247233315278135669400989800444582389984200640748958923892389275228919
4732945531240424775520838052379510123938435858775454999001272068286659998579098429303846003732
9623842629079721823337274766946401526920488143042273943883838698807236503400880952451272600139
6152570415774978954642745928669621641542751907207896576567620470876291025929888771283405806139
1718206887950962735523080228036658853093027046194006144644918627856642449420816210203832761119
6962244213863973115713011899185316991515816502583428128487414927536050735501492751649655689499
8688144578280724154009011617693658986281137459279032257848909339768816086708570029953457215799

42098099722053214575142715411220939886987456280116533207925455196985191038428157268351201092367995242906867995456830838859301366721852113536417241442283704920603648154449717799886187390619701265066843706404251244599519090062260821798454151398740861561892465930844027470147101672547160166860173976919976620111199893015535406281778132823867987398831854809365141752690405027399232695322939310360456984252059471087760223210167746792793562530768337722069298099521332754934107640682936962565380979829922150200761906567133233307191753110953769674314458270474521918565656173056185321660425946455385616883759934532767382788781222315372811134173554517073553208276044077452544230785453748112596654635574596043270368542157386962244479609259367500830989140006853836358817787486427106882578787407992834182519771408422304894979155179876782746847540849289938647634983917539244593293129138080738765005052200666662727343844540498968011834325534999762501192176787558098067233241678261782570891163017980881955837910754011805096216010930804225701805492976467841153876914307088247531217231379403723659287710434554469626659999262339332986411371001268040811602769694022871365072981064452520165517338604686504062129245789271472274267638614268236764085164119476626514371013938556806427007782965968048607751794922121562917386716354649889853835751532497431583541399132213650515513841090309027554332364412022530077042821114714191814757096183313782294342072543410315558281866932838668366072691638369677932010214202904681337049153438059246547114970835401227241006503949742164188669227447368995062528945027771898946913296346758587926423521163354647468642605485613157784036114314902695442750564083478887943295655604844339184060202704514682782423151406507022104851391592072312004931767638352370930885652643448419467734538241329685430630247782554330228195957175433268735831728279337741010263471725258000551089980879204274477838536424797206543092247960572140033066159793981569706136609839640552028766999172254724020639606096429945427059154600073536731549880773908300158133516035730111114109280154122806666705878555092703338500983115676285161649242550929283039087709889349460723490286585602054220670371568046350038260527637108239865979318483093676416563607907066052334341113779312161202058809514614377394768353883950472129452834986548086483788501946767694562326701998713318455453483736084512767180056875423588719510589565279780453783448465046814695167753813695184510308323903749657162143307963860154481614495523935111212189443023826954057860116467373664795652065872508159275305713134383569920048999618043254950205219555020617927799305642458366587216753519281750334499239183325623616265020814903557861244051834404038159913582717384337340452974499964059918656664153561242430800162617933750921429658088283221957057843171697946284551330968382460003698996180592987950660376071243272559753650882038636095880904003800176047507866974433258772321543832599839986439501144954150770097282265369583943808509128411041629096637012742498817616344101667423400506836167648232710388942239482025308696722292524340750602651298857635878137500851005688687432827471873232428984773354258150416258955023854489068496767648928297072811584351167607761726048913558510981478950842984983605593659371053202059979044369735340162876453206371886938218978015732190762998103612568387648387269853601294481607317618658066805968373389411982650087326242669600240908832076226117839991574402105842789845063036014199339283624554027683509989720421859620902016210156519223584211948820209123783927557185605541656205453547196978661235053896282128608208403497311998810772590454586337661085050595823850307512842596428597494715967542592403495586097964340196646672175723723707078518464646338370671702995416983298869124728187680273812549629389876072230408465709509894320165487604793394679468513437326303922309331790687303169941800740480006872513659785795859947801994965234272868988717813516171550577783915871386404057895659182321370814005871380883652304716712718220060186088112572603398624035420675212769089210815522603293004441018906372365919571119530302882485868478256488300525181260810354213518122471584004627510592444870583709540835318975215236103420408450764137674234734700588220343231604746330435062814232108294872400925947644118910322337404979474085782776220482618219514282179811243726766258468951951069986737402273230026026150597064215274602326999497006158235928282229783286840199729036537816816002884117306733244966283840324353650413975362055091052197490957998605957269413840242675596748637742930858314066480318445315329081532154943458288044293735568005276670180009478873358860913649494583852689279136559434288174186455594102961792995812608097064547465090234618403450108124033539000610734694120978386716277216137083614515110

07720117042140575102955114913702554533502068141165244769178458694354034118791350719472868 3338
96624761011830170049726189561183989816053909200891172772452827329958680838010737813140018 7606
72501269264546450976733747002367678201352356732426247888048234362900999633010976573057107 4508
62132187796828074343989648355242714487573058303218024945210923199120417862983211064561898 2345
04950543971618030395685126538014922516948784795547241863827862758232782129939782074286755 4710
92498218244686147958081408355004668755962615790617175902192718697237845472411298557573179 3747
95351829558429913369281405884804215715380746853113023354946272141844005632397445875377275 1807
14660165706503537500007800054761003678636991113239858621322182246246434350103632239859670 1728
99284252341131543432629303907359534291441393387428218721484186131279071626858266847205954 6640
35651133279272928367042153333781564897878724347231657710811890588115922053413447767521297 7463
55065511098018114547089217012441063492349242422673834943940786546583636856597002601991541 6838
55861557896701272200232200316861954197028924757421666766801524808240221115619098290952882 934
22784064903953396720086499569654470752118461343409778577773642631658691698762749541886831 3324
75145315900233544095171491408135927319114619200677579215856331076125470709339611644150880 0727
29394563684925327185891551688147209601141540566400389210281186485459504119005580079283947 1619
96760030187700072991661348781038991897992779330826033333833405791933860125992663543506471 0091
26063462523857434635268474929790657800172876659682562194685410779874218445504710482511389 9365
42799445932024438989851344256726693278613295048517020426704168104239887877662828350193125 4549
51010870376696381206031276179962188931877783052045019481204742705204573212548733903930286 6808
53928985514539518307016773725339156792769039073362485903433514761178705177976647101075024 5076
81616557253954820094809110586317329891753118416036402195034635732195475586008320829267512 378
84955166725064922072060974120312931357435374521855454983025804156517986227801646893748172 3971
33811236953637358110573939105369179739293431977518803252432582860808275537409997210154008 00469
79927943422345447689707580313149065499764572719969962803326920908915583817603213989264488 0237
69100827420906680800437399250454122368497194097746704673167378878520494165644737071325437 2831
39540962318133764738488941218277568760582754721153484064111928660919806142282295524907588 5258
71140721341401635238119989127477891313975746828093424728231102189843007024439996429064445 0844
78802766865394635783597863301435743073855224801180578551630030594803517023052917619376680 4489
74551900622981417402254687938590801422858374494142946684056784478629968730373668633975101 3910
07984558831971893984042058517831262556099075164256666091448576606836793744806529724037099 3339
62928343483326610413687134472596294417153661683256929874607519349004367548712450125173882 2895
94264322061718377059516656649003889623415903428365924676238921543161210947396500986925708 95070
41141578191789457994851682923997676852605909408476925555603209473017988926182294738346868 8847
87742147478211246290050487616242097572295178607339598869641860539956912742611053799648648 2728
82147298654479372705114310364153995043024924890389871904738048121737057256637134651471541 3122
20563195699529710744845423257854093190703748062432887305740374143132382158355562671427568 7557
55136182019176330108628379725855115674172305047190608736162770832629644295804827975636308 2376
43616154555406169800458196446706678102433478459880692484772748952982620451694370037112019 1295
35311291971380175955779745321797068998107869799671161406472583557313852803781447941864582 163
47452039855897512317136407974683851455920414500521772122914466992786476520100365397889790 9419
56779542290004143845487143488528556517630802992516764442476821864906215121917234256868516 0060
58597808966236688320128396531227030746548182119994822538814300401681144503621167202444620 4828
29677761601656378975763497955487255108091057813394203472774484748769898419218280856304164 9260
29917623036263225044182962965215438562876070374218681400473863094501591091325421030325613 5110
75755828734786562608093256450743463372334224085585816338537153069458782692020252395067272 47536
90013980114964316594582971648686322048417952196424498327948806313446201089139328705313455 615
03788769211459272685051467713559958906322386507647782826901680360130617085698288633635339 8216
64116613355480403703821003445838081505583034017971208224939095038566095855713953746347628 3240
42175193426566863925591774337832554820703861056330126237628769817347282242509461531890702 1508
20504218103977489407657214990832478528545951002467959739308411062725225415696493892368273 5814
34607727598033462643125982788894418184917380268704496038867071864770831564787589117803543 0820

131865658203435407342292834745576965149868391503976141261336078948099755916482490625516855367
948247405098464960856818891720369987375796439800116529527027723722601935755572023263101476869
284762636285189304849269092640985472493648181412831689383283125795662135988355445206674089584
09231486257559110519622000503080204257370028996601241363564880280339995694656095885763219926
030004685397559802876555831710706399750666047614867776356322611612715224267109673618402529108
255244615388577666027796080898302837068778139849238125451717898757790676916513246031087551814
796001216762016854361388753511114464644596549896286850038429381677597961912729904591343960
428362278215145743849108066267372039815968331145831327755737193964762139470369487134483796533
672088650706094944310674893862810166860809354876204062953142683679016223243442162500919198865
282501847807500930929896168789351440485278448521019497293149122933664283836109583591179266973
210503286586371961913064985733208661524319891775175613307253369060628944014036246735791686124
190767973072153896099260914778003921829096605678051574245394812705158278656086176628088767548
52826435345792751091037432431480490509972013400938712099679922667327456972199757397498352955
663444532434557032626027829313689388962967691490051117916415739641516223459624143879984997239
721062591045242665562829601459679012861764153524786433047855814962571113956032515036318374506
194258790732974799065403378129323435496477095994159702169181036814733833330641513877132215173
398409381746568333237521245212042635149480179573706485748255881296241114146469266177478173860
15615569677680806354280813392622226805735860439573062738771435084847701866265316974888647386
824309419601892875891202138727709615384880950656532073442058984978568214481099344327143794129
234072975479326476182962040361443641127465240436917542835856614059594332610091323144864164204
976494795520171710865170698122416084821707217101649482479807749180166663180760457163952518386
095827183272086570529825589266492312740506731234877203497799829560941063603051658168190384801
1147030423901820457837273165208592253994751093890012112219426654459086779269137115495078966
657667654609628827777519957055450729792366620852350781689434003204754374040076217990918813510
949939669431342798599215806292704213826756214353405924672023502064258541096859551282959888016
794748534882762322608988214260279669494883399735380911531026157275260615166467574723112673113
045630210164427562827821914879246698975320978326529216825843304790854783365426975843307795571
952000101207872401988134949844384367638270411742100369511690111801683269994661201008605320941
579019288976139784035165111599346420444148276820545506341848306161979946027048964895243897025
8434171773190315330932147980542020896195125075792936490162781474077322477257322019135045680559
997856927754305465787984285946840858678413411453824124072065675598264826257619030338341742518
485385403847037100690876508085530864021762101015672829143567367711035116439783634404283023478
073545669143817704745089458721178783915416653092472697951952686392823300371685067876207877548
178391081973218290478799329139607887417683308186531819994065979267822132271345963247140952946
307619739674998463493636097580672536615518078598145349535821601480260233176252015063663993913
514287751153532124112251505706572311520853765028432210158406189825700470439171864907241208917
145612024917300437993499942065866379857873460604806192281194643315629256867108796971234962364
0619373388112180207379159818010975908011327225784300250111378803495792043918992883005162429217
600337641079337196813319206758299182607485247571177524201683493481941400539164639355218273710
489150036580479259761583436513553494384319150921462930819950183591670942530265403298032496761
584396347114353247143703922148617843828261138668855215984613445058033026369143941743559917537
87166688140045296893435198752723008458465501565659895211301104852881693941568670635178319221
855955305000298648325444774777199550165082658896713964088988056795806691606580609404851392801
02227697615613826083190760332454846528661464929483966773300807073200675104262514142962447145
368750970687850660059394026518778610327654702806325729906196897591887386672305110123794932925
9764957482625519592739444717640092556185211857724430888945893130457097527258670714556514236034
181989031519545721886211491710345305965784508261868074364977358317577008647587996432274454895
007809667119616215136769508530892336123866628348110293980460743553427272442810490328075676700
337727112094912843448745081356882215603305043883517541081483037534434208412208168360581326234
576775427931619860454305044485105558004116794337671320558147058727208825360473106496793184796
373527884478852058731828660065633493256023590888983537772507970200505414402105594610720764924

409136337227897399466397512341178836631250900614162322765702854104850679744981271814676430841
410300237525653730495276727548454599978716332533105061902402151814681001465126285103975983941
288236986211318315247764967957774419133239479855287165302319986980239839847319817881713331034
433989083795800005131965345233833901090970444714347942650262857403151815203546507282311838519
865802936213522437975431938019834329143125027577667543168698886028656770135003725896964458686
834176473878390665444218192358577310787002319174454287141600302682837240494643603478769035733
261881143101081321885527958973034505344033037227691514045318236187832171998989905508029089662
419765855980578341428737304680985290782145941126494992196511361256777307699460580206407239180
866900201756956417595527211359337589791160475982315587253564456825714374658566889820373705497
045290715846973763555870609280120176978053293579678380795027792200105201676898873254108389319
250907174288810810708623207551018480041769696826290392399839381162366384787130819320185559267
865898070985022953739494217542469625354704395473241339247648521037611777311231385001618713047
106477839324875850063619911967787753268071392468984403882659360510854652369222619272403499121
038316226297241144083556868049980746048371359252075390170144693739164092864863919053757393294
556536775435632948953085479197356181168943469443443643030871444254910609829482881581159563562
993377947392209785110406721664480320531067091303759488434578734398473707653747404793080903438
244339705830532695856299847938304808177975089019323978819644747281348548648563997367907690393
025212859195095945330313797518529818662620117612609532139263391827182563275830591189372106915
776438388722784228432569624995060698274532892273270385375845209270924246673468959337778965806
590449057399130794876253979899894653448670842763284764409804653488551209436064288937383371053
515595879507510368199958600924794052205154880777749983061313790264128273715757106128173624978
364745020722775619521267432735816854961196988825831126166950522240218811466930625749538470869
958657459988789278684738719864383790480463746222816126871276345113094783166175997075950853325
746028493740010436450345565804494429503453183381290785088833385837869771084982066510206279570
766983344517793452718037691141020755747743154293290326295321149788262035159874125464228843952
777954992895647543471058985851590050849006569690369399463805412744078272079588120610950182666
750528291004286440115969091560260245872117456045510940768469797368274814597904045521904841801
154566347833534380881534140372398178819077576306472338368480766171878875254440731865830501186
475632030171398339007898754244110262777492594557872631516087487025048062038162606284156754299
711008457236079436838831775697116071774760197736299860847092256124190334430386806075160778365
027891666283609317675969553014936812797935466652393898654922082126132776378982029467995816243
987059362391705117507050493924429371228752072100479003695203530541747026881003131427531174456
246407354520013033515441611612845306363822062031827141203471057333057060956104199977441294378
972333619529368071162946497417467460616194428419577150642124491154067073122138420641412696715
456643891594717779694935195834684336783221413037431073429174373437635441590737738077683355454
522041607558324500141271289974101494705488647243415899129609228298624074551605891496310210005
958713471920979723983683128011017526431868611183517017358675406492657915137405821629724201883
751029772027692280780173235365852486610373552463605197417587182349087381977451996041351604688
086082725590610482822575767463581916629043907054759703480904004304333317413461423454127456
779872589232409091510873059202427909014967370151347721514257148023878189727890993192321188510 0
400304976289387311988687633977056903190741451762970558295079055157128977260343546722251875 19
472277750347806298881580276408830585887321140899356256544526325562629304285439933282550329502 8
936990770549029470796220083902932214441126578208956854344785225355843731269337547937659943 0
699100569908215603145081988649438948867959773652023776380526949555871454270658517474445964682

352694105685193373700491448623760659795743742949313762849542374769629842362040406990322328625
482822335420165228291288443421575127060202153831784521856484115066939436436446339032946286921
500120033173722315945993702440466546440107095463778627366769045642599775860341423376275925853
631264370897307579552699685031320690918306791326542030640031482455986239265759757317759128625
308946541251662284071633701497902673843253016190101372978846954034256945572630522038762942322
648064996238163085500312651680544788556819973108967957554426839220485130919026882403377120177
863986046398002560372060692953460153673513009351664904759969041534844228406494643578396273959
796970119995996897055007139802671431539123914611613581834068087605346672553050422397928096566
221091111847789650335190031281930814047064787403671555521140340703039890722323391594235126529
717112144915912874696964544557092280434733841013858874280507251493201836765498654426190687675
030397956939024213437475259202844493707032198240950852874392941278159586475430366953365464650
438122955385960187081463036000681022319353567758842217066271778752289539374973949846068818195
899260579042663242818188329768257087830890164354054641753677916752140149169816134993044910420
427417299073183796985131245595860639919965966899610800504940072963970989595175746349501131523
954054363842477157673057968997809351123101270006083156013470561688420818621059065843854685355
226530994080955068645181964310455005698528640369722726449640722091072805065651759005363319425
718826190168520911094446230493872762260130096650980181502161161893149917554486648451019396408
924245351858629668535880723702520862903963751354424084416767961062540774535439718720220389829
258815048817462632144019324591263846776453878214900321873605288401615814676934097243424969696
797455129521524754130038382417596775542251548689034986758461066315941988121179713345250927533
070140856142635030152714737087979022966356830017879902880841938939224918844891176700803803875
888780169770111345334911534802106585085750025517363256882009759552748712253571825516978753150
955690868985464837948430351870614923135734029631365279127615262306104314092395653522974932610
180235741449400201075752924889589293245803518893483363232266211070472227951789643113533222151 3
311128130269965705654236666071242736067583376783519101251099443703046290763466149644955996730
321258522840068128863206013843915352393209115790604734139362973234927591808942336565260939483
133648102906435863118308259658785978471502344907874767879956674248520510401039997571039402206
306917347420208969917560052888987367593966293674017209821954183371282339328624773171964386256
653145512699222367766777081986434967998415260451946404590163957896049279139291043490275683817
268404705229814089067131491526250441754527101123578680129893682849339139638336607814229179455
434491680970664913188453781202579621552321288398882948309602541545158301556456231328450317418
576979979910789556567996082529165537586122338380700692195796394198374261176767691005073575014
710412739177835963479441159241607409649189238641623144315098433799999574123860845567909050179
660465904011900931064914576455087441691709361597805467174658993017041375390468254441984930 69
773960333614330040322637044138842456485319600091024035914860434195671889198585615655465775089
014431777128616456862190012845946074216074295710458314004620124639011021019323688746231874639
063905184609082474661222258683171698906360640254048935087506001935383235847779777777181566927
112240044551677054193107303883694387978890462421759004666609104016362270064506716725632981356
191695775856133339039827759965225099040387093278986221595494379970630648070964941770800581227
055933091621184400463589378563243586419106154006820478790162140445787717384109252607173000991
217971137542433348822666186718059345350035979406261016945589487985287382394619259273830058657
862369012719296382659263937819596877763449192781383915273468510317128350116775412896963401763
368803347613242500654794483551600242312566460801078670258603760993908004517562600906555541309
840427357430050066877433135282061707299033893705322254670042058896404652393614283079185404169
666783240709559587709423200941561095553433443491385438840861082486242898596197412565717042400
678767123685935337227109156704060621943472602040994139547201317552449158345944274919192913502 3
558344041872069743458860538337018589765720622546686389914740617138440911140542444892418125280
587378444375990337027144323207852046419314755947583142919416971906297697904498821308019258759
048587570102804989009276466743181741931273879879190866705646017414104518365473639211201831272
642135299075075316741860411390850791740441726580092889664003508561829937247213684341314956929
570401981300160608754127957466419031797332593924021074167670242353517422118285715161832976814

54

2226073090296369487133088077855566632397283342252706565073072518903090395022975145545081413 44
4428165414364410492175062270643628610175717112048366581497058246357800755045626453744628052 59
3284156788579850690105804527975626285722083047835436681313303172332381352647075257795233015 28
9166395286543189995731745780167826728146022264038189956693799484242109824897420088233111400 13
4104409516093083130905465503159555154739774802214624067611052716137579986283543969665783552 45
6700793604975187679585004347859444483487473455259996323925882010445287895767233391108520813 79
9484234715318952612818751089051213546549692460665576734518571774051139809005074932280070940 56
9206554428799289768091385328823923127426496379071979978524909030460958502032813011881918979 87
5386127705098311267968672117810060942886033416074080204485324414144579454721054698929166499 81
9415997508117083997585525312534793070723771948237383367606554185021133373575357116049840886 30
6962649890151155629827792230433349844936783915198562685043252008447985546296912629978831302 93
6306463370450331552637520404739224157072857779988029635328900698400767818969756354021766194 29
4424753725649845722655067873590934057238979378191460803198271139248049794110049229814317594 99
1993103280897957472533768146061745433132644892480370134626426692631734244357427051774756506 75
5634133360059178313763737592038902042651716918654224484136094659863626775433322172909728067 72
1218122945017766423271673310919275233772424505908085892756556434411548443888953213270285605 40
6006435240340117743942638314926942036676773124923344604615279222871174737320682073795040775 38
0702487513973697487220807941836272457926715860587568437382569660152884501593636057997648795 54
6668979631727641445826714098309326058444373118321952735782429923805304600979253217595294376 466
9671785995547975260104811160900192559877031603692890535464219693617900985472078551257259753
2576878034184282394193011676471278020012449054170687194060874864250992490041243777990256723 6
2387521344875468680180570026771659045717416750935853746632784661471702229127753816489358140 37
5420413163179662046260168300583584027808425084706102856321467634921644155965653995124411152 72
2520988557631807880862837444395373363866289139439904591869352679993169132074310849123878269 67
0817379838027600732835237130570383538812019217807455705392131250482197669340639428023453350 96
9805452191964164969664205192232229332522498099406809438298608239338686773954452673632194401 59
8659040665286702065100494097867130245089605063631147497897543186327376379320227953001087717 68
4402618218003859090607702934597864093296951123385326149456558596771175442461946208674178988 14
3477802702378918386547507367250701231645954210423036825301549927292304970650068874455290889 36
6465514819384805637455447031971718642270965870630049834366571830309458525285629892546132607 9
0172374623360138208947640472176710210783635306328391852894263097083524184268806663972454351 94
9874594952723688235110647593837053136149452332629900606135442020790080078443591851423810954 06
2463592880074917472326014282915066473564694914907531304041194874612758425172542299337656191 32
2834413615968845123050979229080934778061000120243079336754606956718867847589029167162815104 79
1098481996879505375747610343839289298183475591353372834288849228539396595016459422968490216 35
7698460365666770688497906149378958662389785139503019552520711594791624303805713391044412351 279
7717425894997181320899397240945763050043817654202377493729292366640858263563040701889428471 366
2179628077947581410647203968690057335883783238393851564376929109532126309530237234188776377 5
9513255857198868415635114346544492134618362582001773911196356597362091748028951071191193121 61
6150493566140019891540677915147383325251300237191023587588679803938552970499832183038998533 37
9285491926195512752815404555548948605304395183055163865296351143585542678957884332247030322 39
8462969403700363866705975518962282166849472155167994010237260527619206175045604966371707626 38
4595300533444387899443285436630146414207515026765299871484148385924204684351505258592648354 12
9599964190638362225500616202985179080799955171614289274332216280696351216290296505034545598 00
2429203806611312249987547487778145433349578136558008300458790545565523759643089947282941565 846
8980629431127259755469302188791273103530021686422763366103189051108633596398607097473741955 29
3417850780136533786877679115147383325251300237191023587588679803938552970499832183038998533 37
3533151034580443402573042275868260972398342231501764080332731762263196756598977297718394229 716
5227761967340857344413747591477931793339892435994058139603228134659247855875655057515942861 16
1317673955283481508085185207154795143926672875105744138676971890208777611959245935290863839 6
9620057686509962930381814549128073418097204032036336676649944391993626414522714507350370590 76

0938575244000094748229713623772159263083602213915885590946140740697630129708656969066762442 18
6183635520472790353317530936077977879847080239021859587448789607452374905628374741893102680 62
8048174338130019822127770609218470081525232714598672343785431049783904364930586076453575602 59
8382816254098496399831811297188143863954265440828008619305729179956888798818257244092308607 77
0862635131360946309767740997028472766829666854290845405202291900303432247189820499382480607 51
6387279456689408497366516228133694882858339531350502170536111817502101016960937372882174683 8
9261806871887211712203206733649831281254572692763105648258790106857520808063392875136481758 37
5810969559699338484199106269224113656117112954796777812386239349341400854705378458378285151 23
2798730884093735721100458603654544945301868107329376110867978282803436613333978053861486359 43
7163500877119311955984802182899267779769409139308492689239716108751625981364642795191163033 91
7961291900176095322165573491103747120945790041860289922155117591568303624947160865051863227 97
4295613651983035189714287602237507160599904685227028482420257009629938279147818015406641691 79
2596965023061674967724784194741420092429772971388832511665522273033389644473052704902414772 756
4715409237680664165282261122166055190351049532169538299957017411465102998489825164390569909 39
4598682049855258312876445683898434210936589431051140755538492789369974095013891988212479916 2
0988839243558736555452375362389064107266313657338688715014376676574392829832073461314039495 26
1709530844896580056558463095232963187124518366166304277498527362023490678591557693622053472 42
6111253263891430252893766737392628606460991664258399987464743414163952677732246933313408989 22
8213523671609562825171349234859268040735518153607196567390520713535763434376744311724908455
3776703266698844491148088848013249302584381770118785666357293539878114064658836941728387365 7
0843337575104479912359736597243445574271838473362051640986039310219592121122572034365100139 638
9064945296714205608908617698288316388283825229707658189611895457298258107339454017277497834 54
0687764110778004407429966398079580266893129468908915006186184189218530416433221694927821339 2
1182771902167520208059672627494630028053887779459621856830743842989256463024089063366760647 38
9704968736267734714319346437826952783760286146583892789336232361603686965888599440717090143 85
7650085623703570747288123004277647474703779463200055437274736584724026183902508185020399413 10
9503970812481221077612832459563995640730378422829494179041799135365337060929535804128449019 56
7717436326558733430284401481499075465103281813878210907214339837454150957218087233216393141 18
4885404882476133156499354030311313197143885566833802176668360829503236040595136775921755165 67
9680295859733803613440693078137573011613002657970242655917863431943626466230186872587963057 55
6366078289969536349814522388660073014771879198641606614390805777255192448707082910976735549 91
1200612317536184781317654395572950385452923653669413348562178789261547404561504523088531184 38
9783350748069944802081583047802929139502742186788691980176555468181445443074191102292721931 86
4440749790317259939771362180997117614689000137724070092348499633083203042973219675827894000 8
4665235071155111834810320144835294748851886324133039606763958576623927274353864765532592611
3916010589720694912160419438436276922502040836018348118271585534392555374582362825523726253 31
4359699646366678255933821009175987444402718522512906425157453594796130527189599488847824353 17
2256275413109599850442774753526388871189264977071705502201056823253071154389564758303122551 16
2876396883514326272862981524075588799596209804394659688932951904490105741914199814985879000 05
3348961206916311175468253485829007683953766264145205273936078651380572241506897185582776538 95
2151358565897640730148811113373869245888909822760229733951244135075100387258948206647854453 92
9055116049254655683017922363526377554268409049478003726847161026495088262069357484631643968 9
7896270083376303743017561945738907884810424309285523631029835517451745446606529767081994743 20
5995165291596008715652115461296735413957327751678443484846459833913758485625055460175079220 988
3587719338601394896751483376380213903415290428362645376374580878281537904708544575967614210 37
7236123296196402292022895146968811447058289309803570015041036948417054728692275197044694697 29
2034951969766217664143620321098749717299081440003715739281891528408319742294373367747782587 09
2187172252984069305556935225836786253877699037108329877979505169169629957607026624877256111 53
2102452287179703093738005633540592931089018740049575133056457554686458819253443722717048411 07
6045834505257242917684423561001394568246560428800047407292619165754409533650005445833313333 4
8665819727492760012423238225171846893069408572324615542392813887422027661693797935663441045 03

71155982367577143124912796231411501645288804409423900517346456378036293953277878016360441042 7
591864202516771182359108124947844895488072585512574549607995691801297131720540384249096087363
621351310975286209862242624187424357837677291264179188013767520032056332618924101861651303481
024400685680806110481129427409009375274857858586840922973157793668860861996442907361574905 33
034510746792139213935734146937826784053313199235443303460719515520570066100116930106114645564
891680500914500556137849404543693134859106184193301895454863852198600808200402863322268577928
659474990069360751057802347420150353177373008364949891672893509093542120975207472725043666188
00613349590930611407110464599244759717542401996540730654084169735239250415635500390264400292 2
751551910862941367236000269412071278113087636531615224433516226691901231017136295013316980770
097670312259233409954235276489844208910924390275648161700407217392725660242958371557106716854
141871300357131023054472593770645420643730283814784191021868821846656713832612826378069753098
860829066330396698468396246747688511450649131518615524629479248111598731109079771152980588092
092858162277065275677719539311203573194334593434733729518994157214722761903678004308795904799
926642428196201630098883714884504398012244624556026604086161331997232849787615931712681400404
505618966869098470823941370855181326199637688970212415231378187331300156011219956570354141065
353563845243965564267272174345053170897086203476547586741281464071979228057446954068492795994
590458209018731765866162517873312969357262487630182748053065600294624181015143131869024087493
841124215821508373074128337310032226683957690735069881768275484817730499539131031846532783838
656267174760018062788758049254008878403927985646496451552789273452001541003131905092671080 96
288952376898287265139140819451167195916663181885337312798227947809638418633081232493436827327
088471684840823065106804984019899661418486821929237124322629328442483023610179839100426990407
744799190837610211112396067250719299793136517706731645047986232255197970299256653151015966045
966901508870688829825272864059895142504765564643861397139093020257194585582527139271981132775
888695544629206052026876752213679668274687758745287607786344913826995634800825441441318253472
049480142126543298296784668605437790613389102060765389746783799090419822642829171356980043472
466696993015751149537152043740319181079548689432406229094586232642520966757444952856601646578
736884246540265604576973290012958378742017115100574265974253328682586625702458378115218220 12
775760787227875362544176785168184919799494976491000369349095508194502055638112249647967662496
507858023271236894462286697963197153902499010991176720532965920102432741583646285103519400 54
145719071486388246944690382245688388500782441039250163597153748490569452456053125403791760331
016534775001998649580583553661420716997411733105525404205521107731858104589461046273558070947
146683528783522244243951951095964801933997282254412372911975335233397882005003209483077806628
336460632466710018008700662889771576131803944530851778599796791617562364245799131874799529518
736756020672433607862783164465504713334255774562203297058370652084614814618032795565723112891
379150610787823672417063157427908602758268048328204825305959448653553053355736089436683787788
779088357733165815665640463336311789655775538674513596547437928244327761776652997753788443 21
222627587896126638330684384900580057761373094604324573314159787616555372263016164233534510023
746353682989424782425580648076643361805237741563140378933712699900811546084081424058692844640
874238912457751936466994637359158441193177950085848065280520451386178972329910964611770976 29
716988054741486404035888392795004568096688268252678332587535831600505794585314848377029676
183263606491366056471185080491635911181680573568625676575748362796259542314440842686944417808 4
654590010983008324701273276732518629652810119875667425123718547191741964461099638143692252764
876865242964332848802671048800448880155910644769829183364432563837983478922492242473473474925 5
855729315186110345341373356722746257827671875512852296157193501863251721759999422779441251276
949166596411764533113076783943587557015112683397880778230893276729219673906565016790988495989
997183620183772466979164681588840040150832641339017024402863907008831066490683497676288008809
713157726433416470525153647177300661392722405632571001397299899095593747730559636348560061598 4
961253518310745042828059910113561527646137187323074054864438709510376239129317441392679964474
732361821363311858580406993658377760655841495332832660287785469689430022926853101934301987370
587173582180980066938912507662570847465950628991846834694991196205052881006235243400502407 51
212565976218356834552257668404916525157075841461441328952097009306872902271637056385906105921

69694573513122969929258356753188344521095375701735632618166442459183071917325928053735184818309872294562621725404441898640397503845136061100621071808868929053885565380321231977664500797880892291390719718321553376607146881588861466593708021811848640949124415780158696473723909595858031173549396393423239812188385832226906227304369154796477329036203102315846228211866082858960816909490000618964421346173446825214338630608641076491303096303860615612269477567270566164198322661282955940541852670099389441814526699815121965396719051384313536550321313806824245173488947592503124192484175255740381823113902616355370936864688471015259866820062966604332671588470284672528273675136369158934985721514957696957393793129333387868587015586438472121908813119471337087338232750005623992374477172103479216899958700150469805895623651885426829398566671272305833174739467989387917984475726396699725651509335049449623932989411838095115220273859361991620893155937352131938012702984818829682456924664015891024522408334073529472376766018719083566257343946835470483622445461993712921994552160770522653798347510666769463255511564949116807052305281730869088268238012941254181467305845934358312734334074634710981016973378451137000361466614777973756676762211878253942360370654923722566475192700250824888860406223409811545113334223901773684113599153372373184766340507156896681938103585480790073996134538888268575672435045918997400691044704111628786526792010616132471999844823715233499783637523014313513282695539529010864942058186043615905305825975400157347529974982723095387057721000539641886970487452897359156879270799441658104944268793902227820026173884246389592211392638749541141959433002708467142370681281377822984874389225801960673229557664622256072650083204373463689206974257310148877832814597005506211252970943955134820697067809204578909005563599319303007467104257017918474679952016450985381510153969617354552778043062677579487710979913625936622349370648370598168419144090086928384175813696077026265263739842179275186558553400180249473882479507635936962516581598005490110797072695324488613743499388440836614685920902013874629297290938453956893091552470325456494848342558435392750026839808919512438571472788922881800472797910518941649371664175676509443374654097289014406328130189143863392806334434942400260228810471699972553393957076410706789505905241632902212917615707202813379630649859882322426710298264264548227932715480458764992124132126818276723090347559579303115848248948301417317193431046635619982934226608452419772743000894757519064436425070401157381317794809599533926915579884005478289536523956367416572964880463463057367371172158099902098944537332554066492445556570479772079145812304501888066934773161154921352859808111096403564201032065031387832981444308563872065793894070562327958687446085284069806283901283199404031753698172910119302742164874460186196321594468453807557098722129647584261058043710144144891074881337667213835454142478713666653871820712848476170700280230771398620015232852846749805171600941770048306078163074067412915857045857980914354160929061349457909689925710567910055675290074750437994633821119211999009122153965563172633298735935838666500189702103768105655391258112742565036589214291019193567740079666127138230714081882841864932545670050478902357998346296652053903452672297367971122296475763842795337070307941563289311746634899628691051860472272688877875879795365481133097185257748836254995078089623831168239465051168547086261364021782044527622621850946877145846667658899947937102845702785828869494557819210247088409805488404942892027586325135120327683691655093337576877423110361610668383215808025643334645427172202495621806059356857783683982546182236449833541991908181754923962168710528049514224637589120113615979984380345538987436863794164300305130378895831279248454986839906586006407899335281278519409840167197297270699322133907184209551782475206802684636165397716512345743403044324661478177119961085537282430917112635195011915381033226170096078197922946035526018787669236212486362488512903544283973792325138955506401423913076654675381145244024706837652806414248720891345137963859994493516086771074601432747723851028474946663633461941723016077362976288977251283002580846877265301516820292508730013462199231565387199041060550741930363390184442397874423384998260696760570205353684564642727270348943923664845900245979494739486041667113357170281209226805278156883353132643317590299465385748521847109720477182480567215619231319966276378282067062797786438225580872740355388755763722582999050673591541471494743726498397870576633115053342116121745340965415215549774624788862911830352604036873282202507089353084352345808150719569588924126052875718396496305507662860091116726175300728173888458812373598537269299262642666600217297690

40932291664578008028615731050138340599605215180202337467493294109576913999967663852175374 6488
50721464227683648609183197332363921592490390006967888121011297463583734052586878544570222 1462
08736858727966414530176263354155887940590732122253946707378265467560810746496041804339579 5387
21133064646799286122948571393385632976161785089115582766119790233799986635770474963796822 3993
50957954508205550511189304779357024430352830442834702410590461224680811375399707428743435 1207
24179827100082933191371419288771409898637054627113614217060316038877158734107562660346260 3469
32057574636326530612059614741096786436632812848924621727699060440035648313727017184326110 7628
69070629628767824833725218167849520870187388883526681880688561553821029179384688125975922 3871
75756873776636521727918293598889124812904849996547644596555459515319230198673421439626905 2453
37463449860371792720542796816889295558794575534131465881283310245574792805020086669571693 9577
80153414390677074688444371997229473142096243098464505318539652190602671100605662171450565 2396
16762915821410039307333892918625670333714472417092407944822081957934969811552492557325408 8088
31648195199484925188597971817916507188649735363694319576360626242617229242548005605957217 48153
55934092538283243334477794234508946594682954801561640088402355037323496549878662171076680 1062
51027447234054777387228233706324422346571309983535363617904512966453592077279387939270095 4660
14610509180273269755513571365490940517098691433383437353862239566253167050813221234673687 8144
27618547883058500581078515556788076939732421220873066182620090830504150607987867207800863 8748
31471046796221804394757556309908624424438280907075163603921360973967193494081982005189308 4634
18418513775869421385970025192357210352359781475656283700649893580619427747837673671656860 4401
24253539425460837473462224960829827247240218753734151044388427140893032903966317059852727 4357
57224919804396406893908330704606903363403761135669272008017206016525870166209246565318321 783
59034831846684963362317735446303933793489237958382338014835246620707688841775646825727171 3619
14835528944036115796246825347099957785414816484667357356113380319206582213549678296294583 7948
99259090657150858589924036877724709560225206030410594547223573430761992020038703424402223 4909
49671809511947981181231766216132812657418887926717804023857800559852923256156882467651635 9048
34058800448384582302419984176242039750282144203323781364695612918160908807052269274478502 3579
43715614285496103309970139477214606174500788247541700679178188133730735538786796010124219 243
41739873289763228098676229374534372899811725930082223246243759854001837266087383264712072 5544
91306433644995100194782544525542561198544468963386192334108861190236636252006167177340726 8444
87670870786339928851878574886890695595205756080655359723625548665768065997300269614499791 3863
94913764334339511781865616972457501195552713987666331024199364961593673423336765935189951 08210
50854558659024045243950149586570975168801772980081992225972528916152832643287133019120720 2622
50559930210552005936427206720674365808195919838946862415075380275165662282604255844872369 342
31527370496473601247293747058235189463777287608586271395235999069223258770359910709275360 77178
73127548150940351270138170794870400279463643368842771692401282640444753830021680605559739 9111
53275674304250791689664936534610664903033926454798262450752752970355117029389549392605026 1167
32805080636191135041503872255354805249503072592208321299167699393857896052191904022659329 6893
20152805385584883267673657568583799428685543148848459878043199371078484089337419779080033 8636
96659632700048007534107331302869582860135928766135088569413072689527062211944465709013500 0285
07817008173296936069944780801165089977469838327533544622311789004142445612565923619067137 7822
18830990126205038713836374611075471382433334260661119112499604311974873003557846753855809 31940
53656414387240871593070280022336202403420926692484103654139246032528151391060258069008679 2469
47846415137742530490811333748592565903252108437870583690180305933853297001096960008742504 4814
18458925985696534556980827237127625540048379270764101702087000675852444325775264579036182 6803
60526238799668756268684575871134948261702787264207740532779178396605930246805376125287836 224
21631814764204764333456869242915619461741479293032672745331987962759051058255643906412796 059
96051629410558357700353656324285671397243309359986178485440971818172554477791409320959184 0501
64998438612807378871881675478875056631963197673047058648946240459429769645328510919874433 7
35121566448881451325097829979985682830183029271812658757997491525942142606638449347618236 6943
61301000778347450454438394059463825164174696216796375403949152116008355340458730070341674 476
88538635372417591191912573029628757699866983060284505512542557781304919657353708109753889 8051
44982819585172096328879249759668785855762687283638577142823352346656795892694854891954487 42419522285402758

1013272572588484604654951851622252721485896972726328951526610074191959717832883659455976857057726284785595
4488372407579162883631484906477914553487265755850111942264869962439109009594842195050112854570218987441034
5718389817904863646490829677731508367769973355150741700812202580538852451953639834531876177812318292338451
6149201894678720217480245281591901242255865169874725902155076249749122673765945633076166021194348403239799
14407024881734343302927257109286573898942406495618100909797654985118424771133900728809299016301869411421261
17034372249667476682598881833777489153001358002314602426047205527579931989940964316114429852831611486989 73
17486423082626493416316845278016222869452176524878906995560991510960158794169103884595635966852936125991 24
57292837693574949960006374540510293312523537194211565013315475373628090714281577318511859276331001448478 11
57730515277411636321762995559710643742787164040829830710463054191559937148153916125547811264374389039745 2
12073575767777507421150508298100857375238351838357539933202975989157824880504120705904644073227688483087 43
5345122645470626940975444513697572570891505730232425735672721085168470673901113721018280580460322479166007
3832691454159319829243254337464860496339653422481729383254751114037593843778055810026790235933847989586548
6078741941416884073043417349690424069174289582911338815739432277101561962477635519024021712746862782472197
9967626629009191769556438105385692640185914761669543194077693489655590603130341579094455197560296624875454
87909111753269937093712638067225675146306074023340538148205780778552538169343648035368079452045386888722 1
45805202281371652698201162506165729737974807500297233921909750122049747494170065939296729602873876719522 55
0630864385036022864184376624009174719032833908399536747468613101093275450853701032488164563575489558603679
9189361129787619083567373122748237818270185310642630961347248714360549318903770261332912020741185702039654
923368590863272900478722237659894186318952339757552644826232284678147416783941758739178192728413411223019880554
8371919662085993112969780338865167585446227913405384476083942355534490331633000124757996527616852631945 32
9309596273131467261926618198321945664800489127240421657304136383304222664897851556264565532197114472973260
5821321486152801009727680151040298965202063860686004598161428523749991208520934729230797735030153390597764
7834289074748778151734815732628827288473096086418866453042974600753301935853802704926007328843294119526086
48297113175937525344388958814255548385173295283601137791532901133575981174759080825959047506575684566860498
9519869930506625060170970783298760630468160095210972977857136018632054589551978180059587571719117232350915
7871375153991255150526069594760593315763509091797733208336136807194551564074953303571884225636931711834397
3251605736503774732143535005635956382624749638224705836847521442602791995525107455130424433833640549307003
3337134880029978594657544942765183034121119702102998733619911776479300476493264915219099177723625580527127
2577992841862212722025947295783642415695183890426186293194985023980882790182277086708707193539801835763828
0472176270261490249184634025236129564512600179544961312208728483738833193857402018908281767850298505262 15
6335275083393941014555472126537631265376365864070904647653816550691500179673737431409909847484169143006508 1832
9009419171429055442874348691778082841271632833493337387601898051923823637302179765007029919984095395364081 9
2939354484433786725257077729595961387100715792147218370758041500544134986004920749969893790348810208279 25
0693005742360174677126398250444798794775513836887538882077572120635319586500300839106544714907549279711557
2184609015534573325186389812853849224568276959800824174765554992556263787184794887063291494390803074172603 6
96802548718373999961968293266122412170677133971378809252017026230147178208006391621359820529738550555820 95
9403332647089156195552235663806264125747913463825374925991288014312614436201171810061047225858418500286341
5621156884418566202827276600655362434165318617270547046018295233295364896057333074530647300773945817405562
2180102965869554554296232132626808519358450025873570586665195617446371811134477563130293164229299771284847
39924791499752469757461676524013398716899300190509219950725940354177678878427586317338620212314312232454 9995
2102264641917059020637215636487044104269833633339133821695884831981209369368359190411493162347872763662759 21
5456841070241740529792569429819149817406392714478690511842343371955926123191937579062117858090932058847 94
8363057956121560105651820725216489529364750499783642596887632866047609259997018653611111313604844810434313726 7327

59

361134626325397903053106155154047570431835806988891168508827835754062604700813348942775641988110461503910
819669743603856073267087156087766588589106089607208747158269701690562668719926815848335174102410950604961
333221030468320093162948196664178664108925963335403862924130152476404515953276182470723527897727695774543
914572040541799531857883749810850505715767111058158521670552201100240312147171579846458543324890734109761
099295649676156544718806244284933719422274740449837985964755841334894107426083336152120775019298015129465
720842115507638816459889661764643697603289243245105302982505122426807037312128083935122022554084151320294
99980575137686493365567616784994713349269562577390784837182482831556792981972877868629036310560685800990
224021538766147136448019656148112453886271654233428875619797920485573019299975004175881862203550843526937
224183477542357560534672554956154189883817856029267690850613136595288039173555602456879717723106032174576
497595023225629419637906309379558104490958762135916778658295393030657653092307043986757062576067142706385
605547595925532130478006326107107680832162100145794640977692680069139071937272531922852627428957389504137
854774592960335922726252666683521707031894962827245652845824142546063037280407774797988541294635397999246
746913355243372318304535384890808093152518135784852728589173285917464503656120068829470503204716904153
867800192930506366957785508855054236980122298087791267061052356297358060222018294315807355521909375865774
736264736992888812978293339349986977352324135993155436363119298207065372478607258997312069306272104015
394384260875603932638706392902219030858909877722019855938537268814793228829223698259046430933978816522998
971114388791916811255637498313161109319061156325528926120586515985149397612705562408767671406059062759367
972863204655894075319271591295117018443755758535236978206034603081114085616222042904289052870934871938753
681994211967871603447511656321704404160535134139017313668946388738555313863682433693795859705641645706267
304591264372849891483568904556090934810115809231807301845998408799090461574931098614313315919784060635683
884195057075962103268508407539511046071367743150631865568117504568429109859360948634686959367227580773060
728837988142468100342658744195332034222592225911315687185512988438399771818481775752765286872747867997560
955981443326092780232246925174800848043735402673868444648250945683719869661983308898587835257932328100478
800001659240729031466028150564724110345203157652765771714505108046030512975963903369048782270839013310400
385149373537497295161348972263979021198896344486620188190295769295043464723057845265200580679906453900495
427487396033311151334342329392815392857552418925427533689936707673603270695340715397783176932998580029
473809122270247001049732148309934933241880821118252594651857563689754163768975416357468959866026651728710
317821154407328308409582293717686280368564515915257032902756903685712988312781187473459607417310097884731
628386494861931043501618122663037695937267645885383809430494530230302680142109755025038907214842460009339
754399153838421377545972464098687379266027941662047086632843876627366087827215003598927765170744547706538
961960283431028523840913387237856397953682578837058304894726634813482131719088833963367241231536397295203
995614054202652355733182260536030151610767270161366775347202108995240601901907310716711572131531313991087
460499485588793055573290748667569249917791477776275257215331530591915437576402085562431149445372545956809
025647576424444230904740701449387200931485566126738641899425494931363104759618933034909499307284324090098
042964776416063621289746951726567416922104126791976202629175585305961605883598150943813988815546473953900
210859787185924059647802767889239242804773232416801150880994290751300672861497273785041600155380972786910
165381637602995600199875677105287434179648634948759022843450812484523422850619456464928288338024674531436
007665393932531690693471534111025909155950980099607771081920434034008174019090499522416945936708415512633504
468374235408291264653804564416953846087191594786448216909719718827904537417589786563936342251769642114383092
912726608538295677462642204374861375086965603814411544678174631824157801254897625802405672218165190255256
665510417840313993155273497012827464078379677343103957500116764350123239218721736939561572561209629465861
581792259971229360156048325293246605900074675382891135887696605023043275464415772720413553534310692302090
409588280284249254566092255047367016636353597760114754779379850512483009051434861859576489414365941156140
165914971605450331526087562443039751201627044475665497445082910844914275328651257884320143371916195074243
585426712768110260079967732731091087404071388839859302056854770568128570032410609948808912037233751569167
712944767701057362851752692267386733249041105761883634334373993174057361935536907770580699187001103875506
586512339634192984378412845799817329613000972285911308282090905331476011967818503836753034704700578748360997
590909129630344182765505119842942611742125017453108837615277210320916233088335710208577216259509925298643
418206894396569085647751243182903018353395109114675137185342463058517707444324216131691304544562072955779
988904854785029494251869923015642048236729967820854327708171399372971364728551623691028094394904980951111
798735326336310861544909215362107195786271826589846545958700906092492488205234351128687386269125293356555
244015333447567162409478118265711559547566993684235624997922772333285678478624526949813038295767158836825
390348461671496801413859919405559791791785828197578481237247802296273427132738070171213159345402544168614
641620641854955622017580271717419329604030724285575914037487524125583648684782653057902112930150460093009
911328939110209284222126288743972398792999872217126802442695704364082691751239472885809766317352190347740

0783010825008230686748165992916214204378559690700839634317491570400704911133097023046876615857483135080144
4759928205202072786040624690986245818371056631825492066663392868941642231681397853741745589835502398141347
6275686616221186367561135401850612301450506414647662002547937273701691150910570058805838552877515535 68346
1355508881431374498563637773694334730779223692023281951260198833485319308413912969210345115664615581718451
6091865304897119538011024852574989315864723399926745372521914878779978807562673750638723780564697 64352686
1306774761161564030889810722990061362029138553864683684245835443420724906526943131926363064557919103281746
2246523050868114539223790346999357618192283841178311127342660931717160547230274858700010478660598353687620
4234909356314679354437007086760444160809343038896416912293846293502166110021076164054661453282613302509899
2955391927596299462782632632116565874319551733594287247995482872278107931497771103534255438166350502182 00
4755984571947076429678271587726848362361118065924451595282915230181808971672271763496528375068073131741 44
5335093301055862157197336759105167204885674541572816321725939792701826776592787907269759586524444798627848
7669539491461017605776036071107508660345575557129623454066377584487731406580502181444145701216138894 42942
5430127261439960397515488096841753887787099771053156896057795536359670078069986501195536169958191091 85333
7403661999066186774586536593782895158619216835838537205517181966990029062252442971964770676579212083499798
1483108425338006646054646284410595975870105383783766951341441171157658015291972393283182374190724 1827055
6211429248125950086219348254518565539701258406477745909416107789844866798787983603594306750082646985065096
5071424287984166501330336475959713294583569058759697058365984023752645595142841527430934760028480597374451
1548230400857745381944142354918783809292297831844140223844361123221688505624335418588432511544720643284962
0845632811941082705883189354288454365054845356330088426685693536364289020276692304884663361182991429 87263879
8806829980861239497632951046359133826912525187946694508941539649332734549729944898362994739917 1547441647197
1731779872683943602401052166101498152655441625403854517795215840024958798797410495248004753558164544116 0796
4967437476718422118358157376737048968165761864668447399574573863895284956651895744786659777819507522588829
8702478900964065318520474239765238933592130871887584735996600740896503838595147018040724577058478835079 56465
3921688489754259830599175376101323206354325344204886000030908226190037306341848688614387637364941 78874012
0482609505127598633905097702424725298017588263922938707936732522111670579264414900854374014853045902503716
9637477458607191405425694381561170144378884418883091592292719203584129871622866850532460389435650023073416
7083751864595368025527582405209237446765735312706016017103490080682223272341214084695966733251615 65758060690
2431013032064115375116874077567874060359258788617197363493677111426543048470811330323186633985509 49431439
7480484078764776783277053488015967141016984435669780845487805182319957564073978831770271135643924204452033
3007609764367969990040958549556201313584805875374947256934033090917283239418369219324915186872354773939212
7561179466401851180013807501027772171306420425326555361143239078820350945377075084348923010206936 48518284
9761293833257931632804024042259442770735848805558619602148189507568896146498647108584644537329496 5523337264
1883832621271178272406932265715707864175572896145338291644891865204955272952633002810498231095733 94308160
2256698171115056421803074943611078136138968220487736518566702091978710942722765034706338508550084211709404
0508256992457562828262781373513327080529455232216084540576543785400717990812768369537497522864 06714615345
6490112693874267114036215138204775492485657227853366584872908691749510102375874976607230169518 573650905
7949181869154204951481895063313672323360017919244397594016416771983594510693427217293483713315270825228587
8147644954066166286606632817385906468170848098019563095401910023030383772107483227813901168208258 2389277936
1395612062162133915786407904096277743062394588711681359324124433710944830874229948965272049696 58919097678
7295678568374918266228075947073086763909429179184646728989350381665716032383413004822149073557 3101147560439
1076423070499714171797222498936251185377184456536112435366803341583471099997812750459310729492 01640040438
7368910848900002206589689495098835545433034480634690683626426926222526048050382229656658564 4546381725787202
4223930603167450160539775515524603074325691453841406677000933481726253378578369549688018 1971420758304790
2504544932943448065470696670920819668718095745182237903331168666010658854646162225136807558072 81783990499
3820325403522214791278735737924050581704793436111604657520350964992030094306338515157010396543615600425
0209175408368025107569627240540070613073914839978215497526962006777174612537517747408077042146949807246566
9210313803655901391446319337852495376512895884703956836005240503773226648488976759864722236870457260025
1314653302789490736683175428527930436416844913090148229779444145397767000504764543944199744253400 90220649
7079506577866726562579041678795171932282160484279042228145745555525850110505111853205128248170449340850065
1110585967966113480543157990100271163704146255884514695315016137653098634679351398306442172125391421048484
0180699555589338646984470972207292044160017446457448578988521913325497133025482090821992094686705 51304790
4112321598940306060776407088621530225283963061061498449297470451281206439250952683933163016535406892928056
5187157265787411940217478091727995418741181137373534823204924028544437285424144786673531720397284099921075
3385213768521899202754763715508803238203451410449033687861055113974555644534413352805893314950724 15453650
4253686358765114645577638512658184222500373544338608419457202578083624670516135441219360521249265 47855797901
1265815919933225542147336102522035564003582790857550730527883543159467417937426497407409479489 44779573166097
6230217323972884026016215508990745102462967183685916037890598163574392667278295029918795702806836 5101245
4451544131814296541845245197887305202002880204338955209521262425068207362516464829688831 505095970100022643
7213535487858260253357898428499264259849382698655591574552277223044783670045129262032590728447 0070718264639

62

429939710579650492402721513090902016322578929364662069079114189091709554858581709996939845824188862304346386468537094692019086644250014237049070605479440163636224484204946141454073340772056136753779947174346418696144163556429471519170591245729889392338150010412294395852881242903163818939118293640475674801320054837776422413083227337901680551345611878652637839084602983248449677767652671446090984274092219442087290507772474227128491998627528840954536122442608122367302636241666463670565823405093478650114354522301721104318296746118127124772674755841834739182964689242439083589830410778612221646674139274580844109344670914076889081154804269904644766179037069131864316448729348116247531427094795121837118954308016061368674233086520685683729214804784456647494574832329837112783484945756818482357381296729860250944563100213870768049043011088410435606595632913551363659537905774508634658418379378550213855073066062032361892026534379655424091388667805176486602355686801024443819982174081868308063265793445013660695883116352765901963710912216830217994317817811597562569334811817590163704539548800254386919502939484296333878800232454026868311592077147266096408147297425641352377071326558656729260935213135632697386334513923237949127274160440716533283727666360699207828988515818900740681788356003383955024910544219136949438402592897576804164798738875441907101007388252060025052937157120598821799751905251548135128926507035031295388797395196807146312979739398855224067710747813296611251424440942546205865605638648441176973765093223200581373898885989302233630809521934265228150675306773116834992003074978449533317392356287724988901104982913538099432346738706479293918382984736509174159934422418013609070218537683948237192554881388163528250823780875617730371859331023769015518148956680264510669556676356270331637550428218469355260793128677171630081522970525013994401110995237587821689870722832415540437859493648816597106019417011177530819779600610206107580954184382263771744158930893444024548077635889598386460044819130632918212125220072806340890562731361562825142597291169096962116740824716314518917473600695966991423080878338378686590159867022321428691570141424807045897219105420047904207261838945659167576624337481652334310131977778750626481447896237968544918333932544522632823898399552143508647239988246182346783334120349696963465231029709800703127298113100928748758845155628443101315609906841315734818405840038361454306275028384345168367939943115519406723368803326183813019065159316862019183963643881182869704116494587694221136576981495173186043944768192239400670145512792825405653032464235241908378911520916520753450114775133761761316030343650015830432411983034504597311154802352914726755652853961549825173221870281189147558219251097518814749962701832012386646655447096270322119673520668265688348737596540725120796914516873963998729508929286150574509391835324898641711515633710772070437194298978525854106512202087219851152011196820066851549509077569921619316805761225508410799564473572362115138442605911878523611115766746246167605894908847321882511881891653729413018475636508362290409687727075906307595173734465381235816720569986154493374413551158082859997972507000542569584482904215703296329695418372061125327781850782435323918726737539010604218982133356800149176292763589739749151033610029448475541265945883082627308729741581359987850589708156429324159565205722438860158420781047504426281129044255263505482966134319834755788519322226718693036456672710264959940051166308663731727404454569497374874852110331775493646253806113344743108068326308466220393707731052442799951374501935266142352255141868055104005021438767785929901108592518674991313145000872583711669369824976994084116160624284046308332897997161870507576296404924316599951518966497547503900114739890318968783264557847453725180452235972687766876242850753816616792488000823409032034807146522890222308061496574270214477221250266192371423562609291226018250583731811971039075175338577137807762131772452879479158317148432273147350683717788157985202303528005999986977666937008226708804204330427176103600443602119574053183239775082537624353539925874480669523131409508267097420082715591871619601534065457814757101243294703404989017124031456270707058913551306594748305010926753310504767668510068727953244326896493872434914018868580217669706551588502561741520703150927265145873588577166907411895667629416813405784240677338866529843358282099209279600025605373161195748651729171714043583683023331026924475563496301826785735111105639749473357081758063298707668034213096682726128479506043615265442170363554065832901974112632161794143686238782446810885100608798206571969473153168872765582925484100600262887084707264146369814546760230690648480001950891529208834752002948330118357071474860460032318036646630113783461481020801040824162464398628580275352540541481178772578449824401215358088326311157679388344399416742552671812706870485790500170018827661154025989664563822695284086125700000031201513414621462743588188113752159623550909618962453025303819680850849675713080265221001754452150438244696353913545222948382275219397816100630815713947347571643310028857201156174719192266771954369283128266043960699254637219602914253777939831674438120809721881883123622660338707532678942538559169182977283327312615508417484951235989157986019310463020408836581232828339328287752748597870536473295156141142985324610343025537131019464301167037928656376695698543766956985479634793744374046951440475248627476380255896740849630272538858173832095777727044265967645023462419588725735933861552680812047751364027860596714899368123712011862123490548171292454815430238041036501487535674543111800604500424613078768221588514426730296208404822613694974262081760999935003344619768841879030415959515392641119654647748208490603536188945761220485718626461432327497191880858417216502492556122848670444079452809182539144469876181366331943960643782245081613817787292827839764859110463455622717222178176922974115386786214605724201588982175494554749486363176722743647089802154620073250130237057212162666252200530396135167883101300856801679877138600808744144960859610304104119748536983111367107082479747419717080824301691666177077131276333136381545315891337525416839840847864317750067503948846367772146792112185361223631672188803806610698593702379096318692240259119146

345846149741712192550199254747960048460063345981864608011593744703731663195351890879205648107281187772402039744024602129739110134992696648989782233646553651294973293415434068946943373818266377860534749343327029083756180110549346901793394287399056637969763478106955289619876461898507220863458747577535586844687233572491790476548077510392373639618546675333495970891747050103139694380902363404579903070724852963285143088878668807424981635856363393141947625230661525205658963070371420915744678667376833515582244422637175552905493953288236668961533263314935839281282245849325405559410719507137997035637423400973161309864621393795308709471653612565080331578504457300009414134600147452544140381692099336041159658380050630368254566308062825009488020034180021455841755463480187653567764411516477104384366900853706116905032530314683543713358180929240076805095818888803131922996640986651192355333442715995130769082085266296774031025947302259177682013259107773158578447731207588645093398775618726625393836235757625158805620309231213866578072162611618127003756053446226349498386252566652422923443651396972082378259957626108099849375422735675124100923244793072428280291762353753386370876387351815527482112448002459124640511151114996446261984339005792546353949622889243623252186402524810490595955408365028689357489054200091253386743431340734226519599814488762644831855273277494122878561306225821878120011628573521338086043652520123507908301505963245468281892247598913287169435985142267573258150924982124899051846590172823763964923211904205643849172556431873441622962006604471901611612786080691590705072338317990240010621164747758439023757467891316957011822646217702894571191364126858718686358249327174656270672807513674315975075657747583764063380449448206683521783321333278967763836574467462017288395723672110981540162132700681687402313661948332501044648564646036412531741333323796075672937330521229745793335256616855892004375962513420306383429430609715847409538019741154953001028216505595925945919485334822732715544487352136534472942394955964530478805317945586293418901077793490276022180849918514125716531651374508750314014667742519764762046166931133260453878964516572908438615194431140161514230702247163939901004379068641034162367907418506463768256603895503347734896731133431362942854314887603124731335419670900084526427401420976313695876225859100931112997379360013553352920740298530197411549530010282165055959259451948533482732715544487352136534472942394955964530478805317945586293418901077793490276022180849918514125716531651374508750314014667742519764762046166931133260453878964516572908438615194431140161514230702247163939901004379068641034162367907418506463768256603895503347734896731133431362942854314887603124731335419670900084526427401420976313695876225859100931112997379360013553352920740298530197411549530010282165055959259451948533482732715544487352136534472942394955964530478805317945586293418901077793490276022180849918514125716531651374508750314014667742519764762046166931133260453878964516572908438615194431140161514230702247163939901004379068641034162367907418

424006465327711570046123469550672596301566722909054455688966949036381979374684658665340679559719446297756316458243438624037934898047300575709839515821613921444041889422681665534895414328201553926819933813234143139879087206556441176100519791030792115944641248229869540395866978962963602248076632631118560938170907553225965817149254580950048642819307237586533109347410268460883510176552329792792588642969057722573913908291190907196417085384594544335991896296182581379576619525337709395930937558695979150585469590600816034355707922057284184858559961647715619063376850432936554547474297930822840340104214779400494818065457292244834261048015204893325978936823575947758489390796539861320097773887838900230664965067318652650568283958219625803380702097089887141462158565442623752543139384253212757340745331911629551711879136992703539172350814998662377944284188433457149292710333226630993271591811777984273789750147894332684972051543072375606399877296166872532347099071746405402407398765307649992827255557333971022446852281974406356741544233989522404024548339769553714731599039115199581609495985121037453659944243964558662189512073140201773556781853195745001591386191064089978693283136483900961375710627234780052282421184264275528316128586976015660464318335336103972337460199915388931573028588269160920494884541300922625883777140487965516015543593745110789847180228847009606077890762206936840737849633609634250958470825725633681267006429102982227999157619394123050106656193243852913122708830715674719682021862720194847446914775099587377486602963126211239362626843231533917193569137898919660667127097343228082519847506195406203449333070378426798379941771882384778573049239862558566116335286152795713435314524810391638351705507787722297623979208407088711586623991923319336495574109949375410066796880142650207310666332190372968824698040807054186317885193804782714122565417999942520847288328203476858489725525747181941141110041741566799999641975328403240933119063192104713467023378515181682298661343846179559222892272724792951269711902324963913804440439957405009272120818613254294374946808034952740287866386243934171088576574565098594766948921845006405465630075857601863379039611427130965704638609176346038756811696167424770017570120962241599529760603853488570014814031370011280296945431637235112508802119138585426221056899489951830180914171906159263693473649530715417590666788072282014882019882051557077635832956721911220357704249516850618829530889889133774280092605574823119088319103131939299334559231342822908244952580052392312035468409591811803767004411041242952060041674976055582275384027855722899442909707092203734798808673500170223540288707487241568779150621465248917332552477018448633360423791742749855343362819513765938627640328174263624814720096570576172733932197137016249994376072232561327874249377778589269330335596401621334413649984027113913384274707577695437786011756649108619427071829174412426544459813637859434402043228658975463864348272914836757909061246208432343903919234433434967727735561114213201439444322732038136908572979573632674477894386577489038591809925988629697792589137470528577954613032054330367752203355085505264185246835194929346835243286029416899457532838210307005911426445390140182991823336647440778847072162316230623856050597582213448377296299598832119434133694583441478359693702832682714104848145288290526166403281494081840243768279808314945204633401314793187522373778064144956575621060530337373631466749971428190742397055859815350366620904650584483582903706278821795170100954976396032910465540606924586302126874027033337628709008636077571723127591619507635913377632919582215602395743429344688712908046121802689710424341709083309910985888888835254095842276917768288120756179439690011907566345241700616320081014184753329081130030931097586770730363184254529334530976665529175236632365647216904228061697515605330599250791768250223646459995703377476108414750188599883026552040683253239105872448941321492042015076366197289000406059272042496276070199929997651568985047882085190980357331157415446555005241314901243989950767377911479714212766615553657000299806435223585594633402915196557447737257745255173684677241148228763726800196358448624260379864986575821308051254867753671804496187001591044738793424304187854617870457854366494428438503041164819266671849752526707365839930254006188659463004425934986421887367466779140102899219351903419847325760225853194848393382061146480703648997867086531405317348151432465185340056408530192899076360160091407670768748649878661447241643842652492285981679140812920521882291519447434704103619261982249688650183287881228655261494487243355986406705534886676421607699601535508232824182707156181963143431092962804052569380172100643874560935856366533754096152099936844109006423455594967899258652717374982980371763864415540833993324732813095490090911694426764709960651366703401744118303662250489910202822410449800530639392246517643281963200444784631071064518182924901554707466301366585027750507967667664944709231116950742845792691984654796897698574424712025026199362769049186893853796977482413020560763043389224736574757538314713417546782974962447706654093819818294053395278667728938884828299114239277363245716014373373526304802632494216545565767197675193472054649944251600989150852653750800251075605432655377272342230719696794527224661597386602174168903912272254713382591553228452515226694697281730317552536710851911358876542544357904129824103543174423276434327137065420996321570636406096871384524624566335526913012207892078038541203760206341195539453469469493091620795819911659307574198269298778666503659082585531021071701501844136752913848473908192235647086656219503198651985556903747671094714087613531548718159302781883820781394000869995967045174005890292947204951246680730095172243055169301048038278147544641937702694249327243368125202460157153486104440675905633203741788371475352143957277788274638618416087213432549823690048373821826384009251021559976282492414832391100246927892536253384807769987524168277515798144534559218091235201623092356187262035618063713743705012462568124886351162269475668968136190873913861116827810422466418488137749163775823530717510933636515920783202850074878177329456797952288027029253303930356290960655090811123459904500640983146260011339766003729813388131614498624607384004010387389523346777

015604765647677437530913530360277306494854818181579855584587136278315376804648221524841805002436048592042481953288367840363878995631933216318317783975299193755242196596089650655337394044608982289650830886050908902496512647211910969229403866059091378266635979448407832676362544382973826316123851271358831895110725809941985723942638965905949827824178092350475995807282287983383670661002041595376456908759360820905304646456054983510903778477908765197460005749378268569622689236564736896640023761421391404088530228530142292402293423918474607289182440158403161965703700511650374832836121305179276792029495844961075787312193123627924907087747049402772076686395128995958103791825552757370199035639855128240294793513430470149853316341488272414708705113722107326378167707957042443525424026587849103230994421850476571047629262215263799117735029455404147197973618939164136467958250810525362210095673087070599535110238222554068808184242461329055034112463682026259564429291757401920097054675178378709497383462000351520235096582205132349518812880974170138280072774927060738429578676545651223280696018735927938422502298239452654566153768909500376120416256518301073537003907029150204753714277894368805917320302711857789917666634257164269537166959331831417686469920393292873147806545499610556358587858035598893825325626784277975277486959085290178435317038641967791407650481298094383876881163359953474978349632584042566556488352302309715263896108526328413993551737005570157924331455713392635064912691032874574336801684708832101983180572589963564174994799914117664608783098587388760126224392915251351527431631142409165957985442311940742639141995737008193686324395428889189215907335571177725165886954494464905156957324223604942910611398818787978145692300825681635089337688536087849150976140767272201765263270063040429882985323604100024040182990715058209534866786585491475231039176530439244445196651342514858865935725306187893317329084163403552216470410415435263137582181818791279065282108050664458170081884621209532764188236193739371584541654500461376345572691672524761025578021119822121916167692479946814851022110835468697760470650797023269791794466405825458784123513783915987868576580174717357584005545002169915662489343277570531623439857465121125566976159579416550043092783958064367856201761093695343227442032372778292126410727927331538805426571871952314614760851241207116214537070523460987352638918791279058852915373598862152283252702331717710576468344207112184896071626329212490614166624188760417868396533520813403993199974584851636876490886859104526807873062160502149585919378227149265333228609685365050398614037995783932359268091077890548558610885924282242259277447736511781827001981388531607305680336579676271784577742916999791936962962907299726810304970969706170150361784872804915714555323402489770086518250571841390708998144321086327430762953442803410602917603173983162988558076971443395677290152947924948925730531036288092988571097742034339038942417749608496785311587575244607210626352217999579448328249649817968808777035604906974600975581511209516205013277091078039134611475100496986771957804672823682217588508555121873788238435502397135356476753128488751114558439441307561669080219404705402509256163887305799593571007095421524240238973866144984302696436156799783835035800086525206634482325093428919373937158463246881311076760480727153921338085490889321744630597885811274425344881319621755074539046922922607786828636587515668094475047862672273570769537148972648601362808015084422632659722114711872171544581877426158697079388695592310355347744844271027727918126541939125547604844318093436796646334042828332733741850629865499460012090566860910949503520844183899163430306963343519971372234045101839365628394905715741199173881442085448968163335519506600092884333252480673558417133749617150550934263718940232530354259938439418777187420881455434535616430348910314815205765886944478270644910995335212843251910491246905432173805106794185988054401289425123258990996231232405387739821014464058496559741586595232058144988525103769306549748931350603293607448181499898201118274927781520113240464303834000923210805472595975512167467066592294448571107582935686515997190199480453582471723450301763989149022149498902160198684151758737919168266109838573845376528041890093375503234876758875765835081680848980488994613463846758358275894500466480260224707959607311234708701901229396384219925088768537111998543312937242948475788361151740833584375331009066594270132580329543981526920681054804215521024796511454543319715305740995493783836932001706564102399396852034151317330925138608298396103448375643485470945637411060456166683280263697605594107860053014854032125282532232725173232493557882265939595083733400950598453008448615493760830772932369780539020694898436522867928580781581080858064953263317305646816091785147125400088072257937135985919602032117698516618138205726664487971456050564764174273684189145067342456756416048290309818979175956744799704441848154395604702337843546812676177515798737487316524458821001641061928767152951977309612579504013279951251230446071737653304434889758377502200674146778016973228005456734499425337241384582367759632399572285545930783851914039504744136175891007414622681929769694988612865298551788024993319663563824838294192474319235584267635073198580303015343074861824378325227933579938356853781132755653864730024767430672375844555706643322396705837897501940110984584530312039741608149528633651224839511542651395234834854709456374110604561666832802636976055941078600530148540321252825322327251732324935578822659395950837334009505984530084486154937608307729323697805390206949884365228679285807815810808580649532633173056468160917851471254000880722579371359859196020321176985166181382057266644879714560505647641742736841891450673424567564160482903098189791759567447997044184815439560470233784354681267617715798737487316524458821001641061928767152951977309612579504013279951251230446071737653304434889758377502200674146778016973228005456734499425337241384582367759632399572285545930783851914039504744136175891007414622681929769694988612865298551788024993319663563824838294192474319235584267635073198580303015343074861824378325227933579938356853781132755653864730024767430672375844555706643322396705837897501940110984584530312039741608149528633651224839511542651395234834854709456374110604561666832802636976055941078600530148540321252825322327251732324935578822659395950837334009505984530084486154937608307729323697805390206949884365228679285807815810808580649532633173056468160917199492804771614567228484431285659615449731382785953307673696014941586370703621756586701043035869611457917148344582054822959711665470211362772824935407946290706014037201690357789239932630327260725450600403646050283809296100760006762109358216154880968279818045908769907558279711149674858710365979817790055992046199210862188333938643676754535782363369890881619356421821095595110093983753747755465860077865594330622484912789787545081355800095536186322477894557821672858215655834857416920557822343615032535519130694519600528949869404686558645288393239196124043995947790575543519058225812702468257321602699353123762173162563897324757116285960699970829394959814645468124291192894493216757893635877523658708312626129768952214037121333371373636570097496111467954738940216254866841463524981486568437129932566103690320984324524436374578928327453254010137873546 0

870857849153391330184879650215888109299037143501149621191972437270633189011799293100919897206605891949918
385269867800580939232091737819542985085168466812992334259466707617767755886208012614216464088615606370867
564612888143788618168840692105737310071471275560282552384610494287319949838014192749437510069479060959762 7
570407425605279204037351322564372053200960927126178788419582439234331652524668209425466272979348242095027 3
277702953598156498247338180616393871547749197535049321791743206684340920620175808477830518875496124423952 0
118964907047660186063573332139879373467391490808812351345513774071558682223545588457544686343337754031387 1
302626071462240117170602401065225491198646843096415721944924460282817325253667035537230042424986606480531 12
750195435652322568738263515606179781774903631475049573203258272282087901580037039472207847114408535302162 6
740506650512561669500573990832732506899521269752616060272524728366524467699546935694759472575668558118942 5
853777257680983976858806496441857538717290871623665842954600064572836053138758138636294410431346299537418 2
776271853061591934261217713201031002114525657669028709745553310907385811128955140392716687522479984974991
785025892689021482459578259051864454825308670960541524639164867481996956919637597196303980961058033546132 7
894359818435086974525920005485900303729616830719576226854353641731181740957993316477690774640274025905255
388091862936860458673952113310468554748440381710725066369101455731473828250535705756613939175526069518689 6
492503446866474914652615608550503791394202981994222199473543823178322303684713733024748559429826380406512 9
848919712773126979399424468368139797193089451531301022820717602411322963912280618157095376184520228786336 1
784261035310734175920397829165437023953430922591085010805655918772527775548002700192946141441537672275682 5
533214173720140747134788443436316759164143872255943304949771961233842226616048964396242053267797041430802 41
164011968089101092063429038027925515696795324416192834846641083828605441536995436593196913777787005936030 48
202291302651459229613455802971827243841968767243708449263675507056334050268371994493547326526563206627438 0
836995826335167607082354952985615834331195243922970039871067526831494422487587059711975013571688080770880
163857843277818151302778683116858919461143010895892183928971335941392888564885450916372593983597420767157 0
746071497524605986398966957462431577768604879721480357679584858982173494687180888069450888240689972621448 8355
057627232344348426426011753223061822303563850804701011899193252571720549962926641297735042850437026228972
358528162675637896302038984743559480612173873906685354384530392931298819388330411834237783614780597575058 4
066225413362933578093194781966392974235039084805932006978917678833968691319748258864747086279971313256137
172730816533406191942656855050907274586450864656527768255534297214088338372788201028902932403132421020026 1
063566424436961208304176869322010489934515597321174663009086712008355724205292251062850302940669270580504
400681819227351425634658435481109593207340127496949000254472079736037916466970319503383284835516767605831 0
365452708576554980028239478223137188703965216420784140386320050168755928924424891643210796200313711074626 0
693591895581823998836591531097004235817429460073596124743290572102900762924104106562092350379244431392689
030306220340787058475213684434981400664399682817772883283068082967474851072684228563950311923967939970227 8
280832904039187942701256403173198670548090381729010938267703276181873338233299287354251791214674169684443 8
416099579217349254754115169550363292946067218798381779848868362782909979843021720417536252229672743257163
080332626794270984366799312372277892849072690634359383633448273494687180880694508882406899726158713437
518740712443535899357495057639105502602348848319301097762875184555561427972842848760393872130490092541848
842697751401162693761395504585689904730039876222569569528522702700707002236312782756472091890723661453383 1
506450866015716672503044253134573076142482529934735508200948111074026427032879613545589972387692438810975 9
704444572797221593582148318579221168381920223766601470535503329905663896113950200355900395314314853199973
395611006459629555821496162158045516324961524984625491338666155661305747107306606494761259251347398672404 2
947052713945870057114461774359248919997798539858915545801175707545841985707464444171573528708831815566490 6
711613720524842124067568833334626309394674405915392812434686527415076367108332946799307960121322623629719
228890611294395686580904768858231569788918916501883553307523319815790355358685515578206546821833215907429 1
474695675663392485415223645371500388621789026343137853026622744881799998738533234152500505075994452916010 3
849242964737923144851996764003120426193110183900107455976932457439965196822115701722500007801852007690927
995274819572235224900924551021008329435060470903821762340123527848387377273143198123533121673507416247841 9
546325344615208289122378046922908509386280752677373364891675257510886718690748573151179871911275897377172 122
200697902686270153977033376235391685730235327780805150085259817532955508078778866728156509666916158391127 2
169869938875911268864848545345289838450017200753178809612734774403004524167503293038367061707101305504380
587173067566833533745378303685599377590869513062184655285792359339174191712054179699872561324532665773975
697093217056219380046148285749989375231643513474707363882098100605778865416514732489817870094630138507255 9
222607297152262038819437484391431059409599258433446565768173968932611045987010037275435251163774416122729 9
994101861956605142159694120635513144859719545286080974868254874524459036260473138064839379734468186624970 0
721554710601935002386438393437562276350127925849417326436623720232785535941949304500111524937011476436434 15
754264095574739430694456354236420812244117637357697086777635930193563836444028893630507833328036674743943
248657079895085250872741832683527199515779265271987637499790762084389463472126203607830817381428047878554 9
782897862274724417700301632550133970537241768281532351617690692199702556999260546424372653577547251024031 2
994355386459483147019494015602668494301837836936554661866566254708258607489483972825155891603855349506451
384744221188275629862063313569213435053541753254622942738570185142216047979181239135818570233638135445357 1

127711719432166046614310154741982155492904756210901895720806062349088029040678545667463724177248681190074 2
065578482219295010659668353520867908758553449009271325107353781311232860041052918835504828256821243931809 7
857966414416419743846503597543167041838521459077943357731496484574214860548867452913145745893151848342 05
058542721160275207010530288121820442571850407971773519382644415143034000038965083547606952112614351514494 0
969915151783325851724798947405242061004598407363843511382982933537028551641532818468987804359217581976011 1
037188260115715212198992803575460838874094737522040639123362898280661873195323552920401422000951548088070 6
100745386563972589708030327985512405709675299487752503483811914844763960690239980085887510116129006000807 69
119438103026094980659847619690480593217852139982865901636139729473334245297578429975902328892122887617453
634343158375314378495746088747373425879587582199019353898142294239179415156131539793025146413798608959887 67
541369432304048702855541978092295804469899019290455890684659783833799449251271604941337790706486578589496 7
575994050617557632934756808289220291115491864882015921461776544992118272549886765689622517063614832195140 6
030844868842947490817141227669895297665284671870107291933779292824435324313828520635706158076925928260322 2
119402768779042924083652323215102354075343212094760532101716780478896041685107197396939918618794634618967
971354678672244029051644439647829326694635849186615040116550321379582388464035453370675001468245089396350 8
407963388339316440021557629487655451496229849457357045563984582865390103120311995863297898599642742416545
640221552693117618219340405280497700139581856995045062690832184422009858065603603966505204050926529449163 11
224741224398545523345939736021584889595645760356011239472260029091102323588182707760318192895789319120042 2
829722719276801057856446673340203186065797599897673630040515534412122274649211784192104299302330475459340 81
486957338858531187892572435996240775571667147083325307435180280156466152412335772666545968595015351209640
740987993352511242368393255508040779538906513598486931485726874899490140853001062540369844024339857382126 7
762945491927728192707271007595054194545037909180516361580836288870015386724394500702749898432185567647403 2
471439236648434111606209310196018250317806835398572583913357133449303614491708665979723338814530921740318 1
174775203258167433894582649675257252036112627367210197645431340238065872011251345146117238016385594726875 22
817638356565896188613216729989394014941251035646583363688776090658837696741829191920311945646978042498386
090416033096376452927942341930023017400543432258546250947435455170968354369756035650199238514737184926705 9
723327757979117381524743531633424117298458941291075045550428858777627373406633041603918082687417260659615 9
893360778633070199222318466648889304527152405511746120223016036619231933661579378673696158162597300582128 1
128255764675949402814667457604557747067390220019769831825970029381954149275908113373323605885877787161006
725835962326049600160589914889342204736161327100754523004843943109899916372218862326257224723071197918230 4
944435140335744766397083610698071445700692763966397349202921834629764438186018937668805345127770384815690
854061403280361502803860949033534893230357925117393530415841133265471290567398884435930822283033032222159
298541919655979718488542388715808914036930161717257001557061483690681274229550279346352264500686934307748 2
074666368747614762002275018155179697826673741459504387058872387338963291213957303994663054340289132774681 6
857546950216141246550370091265917983029038873484176139723433945569356600838016094355613785537468920714544 2
337764671963138464652631570101713235839748746654423630277928541904501566645788185997947897125148114050237 7
690261728979301308065657163121212079142907054215088898379545365916435512334174598794809276941751149031174 6
055224557854581355867021530900770319556558995997468057416133383616416911400992334155643868362258664428079 4
033626701052266693619246747237136409054289852051883510036926818799746564705254506826839362640699442231179 1
299733364106678173591597162898327417728872302052609804248757771006988196240372917126845583584784034049243
648781833724320371618788149318366321324242424201471879866012908295449020987399595428721390667769827563089 1
679421740168823587653975042030244898641889639009631627012055768196992915499277514254378812946766508325035 1
267168466448444547240410124528064217832732227760436916102880783588718437100518084017958014108352816351636 0
380534630763891947615018698673670605014755654519125563485474406162027393835035627856152958894681701699940 1
433231109528721244827047206054602585006670407579111413682790697868658711779204356114892996871988803259034 9
546258685078645156073721715399533910705457420844700489981128289942160212220926244947274540561035820926425 1
267803981905452659443737519428132171370336125910575516989928472946953424298072325629025888362684267844702 9
836313294966054416253861474882834718167322881097848769413234367188334829751327755520981118356612998485687 0
217344971594558142051676013631681044749870916364943156667001634124731526314664694470222860280711813992815 8
887516372142668321214150923172057318911173288259805252015609004155477759524040891350094036519708487007496 7
833274323358869463126879009850231317206614113210860760486195706356624523048720492970167945781458200903619 2
806782139458937433777693126987686811712481640849105253884293333690894635409235802310817255763499799694364 5

68

975444894856647732804498867623578917302150269879645498427712336025239601367889026391276316733486900994 6588
810286310223749553599501716187794059542720325680750991723040604059244759347558781923115070860386436400 1669
769358844410773687028457703794092834941402822129586407527063935399304447238508439688527577798355208317 5810
709482686545514923467711645118856722380760062998781844878270052720312938847998209719432022757136352039 8880
075609793549685072221738190964275756846644078438497623595416437898607166734860499536429215769092696151 7095
282542108602668881287621322828870123941112135608499848560226167435034883052115199522213094722311882454 7392
608085441215344210434543110428353361072322446109504754903082384976233787723979857646707148507270115503 3507
917688942855325655578568914111053937681230076417273323355555569581979516167876516112715880238173705812 5843
376445496393209033630888423831346474132541575834085328701621478467527366035329814219899900103996516639 8578
162708358962481375811285205027468314346218654210028735798453064197217331119032520073461929812872295178 9824
511177032832347598640395627061908545507358079165897100777640229035197705516514631569542884142437557975 7096
894223288731250154465913235682234856323088186214869175254442042503115517112520932667209352445385328575 9307
857205196311267715965633535956406638121569917613427105035796893469256097759229113557550044954680939594 198
807691937528886502489711246859161951191180573662336507492183672839574906693966899486388125465885588838 303
308642792235459716140863913280169686706064779349702513609700492211851826806837103932976818279309094880 99
268529794978557333715456812291190828899996496173672758296772254271826422328664001327243273092429509230 5662
213469775602749713137749640216045186933589599433451701314743167166992535535526251918229606855110255210 6617
693913058993047044013055539478586631684376918286472343532485938777973370002374344405223057833850423369 7486
700501600286637163548072142572742363471659872500059952735028634294139066792669723798730437353937957758 746
704387095073567124554496603097896118194554170245592193009640593805522942769217350988195033854243901962 2355
656650959811895084955834758326794413719433477706441743068760728732386031900376467452918921839273405652 4491
250586965617611562069812500393153884581844064908193055138220680810239336308565335953832850815185282602 490738
088819397197419746349161440863913441244283825150911541330087455454897369025403588236483142
440595060433363721723113697973766253778983291481467685475411897102364658779329452455360684629871709766 7145
215393593629565084168679388747451776846470197056012062911196593927169428782001047384226912084203747363 3883
862747926634381707460086181651770124738002689102832486145467289464377033943420464842419670256187916489 7251
838674622230341631635480721425727423647165982085005633295200050599533160466755300133553729684917467646 31943499223744
247224633022021859547404643788211882345939408996899586677663701142952853127079355663237832561966782136 6570
922060283102565391354011906621429239381641120806961721604380993879930032791351939616054590672596572424 4388
667309883949480405001995869954087761066913890684279935646950245990878656104815262619488029162203772854 4043
107619152330967613456578986649276023103467080783909864279664500231115988151525016675637395740190577034 12
613420416359044808390765374858277752596662854316298833142074778261209504077604333883663582043089244840 3488
354102870614733963283464657835796697459258740113463457623216081042397622251689597347681742851273772134 8884
312642986891670696316238734200146948985214230208355107107105025571884627785644037605341548737134057035 3047
160477106775293200799083008578633505867536884483514273933875263674570722200256767430154873313405702220 0
223794366061319862676094406210515237198485974737929740617724333077735380254302218943957667695095667279 8124
850084862642588484579677193561466464626014964951463471490061886726013021674810746605411192668918406378 8353
110563044170808357801999223295643474303295979135889437938009720744258215069279799888314467253927686972 0924
331096787787043725347040496937826853533277996781762915186712775413657266836934910872925660650622815915 263330
446694975679229497645839604031247826096808076324572917963135706380553018179506155893461920055250204212 7689
204726523519590844163705976227580527335399057237729245898431134662089469356842807708795934236143426183 57
397284121665260195438481774502442968737870447818458084569859181675745936300712509929945590215797971267 979
286814183417147438345911304949490625457775739657448250418936610501567229316047449501949070104966004042
728234784024292290403767470039713468343855464064270710261175300913084761273576388934449578014367197801 389
826534243776067204873056592069332816973770772050673214000573675534498089554053868887867159112407602402 8764
936109146485632435139228289616920538472208960466080590382309965918933425890790062237040800669979202979 819
440927717350270127336846820867383102707947935530220822775215446092735620715171195538748966819084682860 6626
805266261730735592893243276656082055892649228114572078932587782368082793050500307417743535142587643209 181
854326694069067600791908213420396368953094525633402213073020986458629769655472486526242846110473665750 904
177173205232374140756584899323927086216794264326875694735191217476911115775407999719992668288850793903 934
061031042132964682504077064770521769095572432685966471769863829141153779769760002581927239446920104966 0042
850854700148091808108172665045679671866880646205847880930071167141907849713393914993995255245452094946 5078
434971981036142877818403322057069463951547694697276774770642486460793923519565436350830702520798246537 427
425699694577564626119873862943453280541508276209906622774358444862037670924884313967312656356805978534 285
819844609008250228150510636726914188760397883197731862657293142180732905053538562444488080750515821055 619
441373703285405475722146340713736932652510869322270942390754299408994425444590686757411432252426167234 3521
912782585438845595167978299328323642737457452544546052939896806263513733587214850808820205518659958034 0814
883297012537812350567930504081881856850573123325755554241960542735831944797643249922882266043555852334 960668
090550290521633778474635193474971302232949396551041598783974016751661859360517933895039246620524551126 8837

3111207852572442457996232944501683417135951402520951792646811568298203136188273964266233216257644152469548
7558164084358212585044247670699693803758573003905790110515414779557179169312729095998221364115981595201458
6136789206666635321839445791129429493727464246482392154779756157336708957618405753220985047485835708917663
5272780949535427448252511373938291237833518414718278488180937762594672554334206902383755976584674449885729
7100153365702593838600983788837055966165661226188124546387807403643775582925934013645173858446245540764 9029
6162202292447917789014243272492456246105728329944276796783144819346705517570835029425673263352649065141412
1023786109329671886310371717046176289311616725902906771223985883659641492455308120728570841006607616854351
6663530341382801133819677912289974126655244951348338934636181282256499053411503179141167093830767768774232
5698034291407998029191076113965307761804076221944515194026040643470356799353883274378588152011080406490 8851
7527008205623802051286421842482300263243205599799834692623266564470195635730067953905724415039816423908213
6235132717714586191210328112357269933087662553440894151205179902731473868182626644475280406727464085723801
5503894189125958937399265016877527437697415337481724220377071286644907711626031544171194141083486068995295
0744477220336274426681847119656361571377242461545607047965087831290013343491113629297558360906017594945379
6861506817908507607566212738100117918293076118629911635574502602021275654360951138569094815424476722607340
0610373342612736080448553121475788902375505771131745500941185974865296270588563917389715951598898701417 58
6964865418532486377943378050698934555388050523312494984188757304644473314445985055247398653997073462338193
9800857730435695476169828265893810030602411218665685980207253371656135335099218859560107881521955992984830
7371141617648399503300378988247903454105325020549556935880161545989189368865721247489636136718628188546447
8617924358171011255185317817745043073536450297615072923011083308025515349518692948497169009917303947679
3378956502295614877878048366582834827540230192303690385819788534303828558273006721561304247679650997367389
8639630845953309944673660052789535100775106235405180950620729591214778792662633854287925897759586305806465
0448452623913353834262705043086700946703622040633976725299136518784230658396670226258056212221073354116185
0293635641616655779237663958604946932445508050593610982964294657412949830210469698616449313701037027508 4860
1539616658645128535453048155982963829859815455625924865918632881763011014997372069201538698774186216557820
8788502897085678297019269582769523940825795893466666883918358815540694368307035327632079349545109365399 45
0972042836730670351441963155288753214822189325967173707812714051334747386080963694563512019018439160557338
4080516638291488624793513794037131979668758562594829420746324161481962682888498009688756413177902657691005
5080254322803125858998458287208325735889476313492606249627183220073813542439536437705648192953995 7001455
4383910878449144193680471065163474031170374482458505185788180686628844170793566042698003163236349120302919
7537009960106661938962173187622670718263148522844172794334068181031018384175349975349697901352604608389 8649
3841708529346927915834550642477874147581186260672246624681177224985686229897440438439218402456030609191236989
9782488064463195555559308328167346023120406670072487747599806326845273202557015621687662840583268894930505
1939005049504958701540034854277602462485884666673423859744545671611419843038357063974266667038555609645239
0357020107365232835276920677221366635857460807615994825758902615564428664967372569208046851174626702467876
6860322879651197857616442650025356220799720399986561469155119965918926099875691957219827550950506475907 86156
2647423557864501138970419935099764066765571208502958421155919472907523553499274100851294919385559625940326
3820252498822492144447558827002900367951870523576276442355841833307120460124629939915484195813551255146770
9344714433092476373215011861279838185602557163141744264421039231841248615613047098148024733812569605196 77
2694383214901046524099815011833941450600842229131941609950099644961963307661716802799661459649084857174082
3780571312943966103687722697904349031896749323165672331903721541461036471884246356801971257097712420 4559
9277189401630807555791531803886385226329349122868944587124407187398513109807299600005402969139086326671417
9236497562971925012883990970848468043907176319829838625897603127381810275493426101282445835103972461726 00
2712472644102839300630877054398403846237465571177660427479404471102532275260708819152596238080610770774133 6633
9215675509990359849028736639465333622278560198785244807812000092267255630431187021878325473868804409188331
0482551503395062370353459115756948715844081222535466146121336832914177138712079112563299696105863063881 45
5038293070650764250040959783772009135428432873110669407041999325305683169533185440621809608346131977993381
7165917065487955211443993463691039132585349777380538014249409345036327616581368950030951261057084123445296
0132807039487146758901016641151703939321469890302667266058467350596475274805617807867953935510326849129867
6656542631272329885291927008247087740022137431156586969070665899085477980877564865594130890270456897729741 9
5596550109221935692384978162258751764655242092557409257176954688605190100031608012897289870528610854229 73
9093968150775009659717371460086115220926226085270829883643736243877981277451170822368080610770774136633479
5574353354725066344097928989918408218150200626290058136781545284857759527335953597484087245005388274103999
8701952126233169862828034388497269141695862950362027229748868984900397414716167457511413346027344974235505
8780721866552587350641253083245738803560851576626591008479072047704536889750719974356650630663167587611347
5164418905099495304411719981499167397662942694451662140087749135536731345306518299977582014657530815 79408
1675035725631308268975276869491317516603141962741227162095782997451259507368949976478651309830445539167618
7931636640409697783117158004122655528863709140625817884692390364398767943899441959633227733151062417111 11
1758958204213822682471585586231593661531289432191654892821195976227665814359674319046931897070954625498480
2349550186923112936640292909966700863878400428904420862483661779064302063305933920322434365160794325702465

70

86846689771534328077217098798011814855157928164449213543001525299613772360107729210859513145995246165942 27
16415747632365702571880611706348762926273236008312525699654343218937450779674452915427894712722894704464 81
31474412422116659008100572172330443870087373605331646830292870055572001906994319987064544655062428217271 17
12459206812429481055050404705924105288357400656484547245607487562476347259620195541630808699130865678696 78
75539700812791176866919496838135150988085209582767929487854818584339038957648028950925724608625300614888
62865030657198657936561579559825729918943289477161896205693546728054418563501846263442674857155608884433 76
77677518111958796316841853639123374976612377125870557536771425535452801023619128824660846856736084934133 31
19579933540423335773588963780531839093444280492270352162230871494436067300423117979682863905171951575052 09
76559027309967099890200513002263326473818452023997691129524606155729336699654182678756146447436938872908 87
89425992271475632620666673290809469862929534311107624328164327360863086413386486466836833403411741724336 13
79086047880568004597543289332721406080344475032843441146117190967017625398428226686468388170610025364990 07
43173847000861481761643196421460919937381887765482706997939841539389749094610308060895210562372337339552 99
06485456547771113235115058351872397486970763522933435497256100301121589126783284926464529265711611514653 00
34496144130407078693714179233116662476964087635487399017477537102018211428142144824621320489013665523144 24
41340428775298118385564573485565936917962558531536751079806714529674589942101311881547454807524651853170 218
24996705820092817034714330564906110302966007788621864395862030912621953745931915501116913315595473394117 20
86135358840520458592736046321982702240715420614033109614862990759081033133065914754953943653870184306530 3
83427904014305982988109686628793960684213401586681368770086255041066965536224307609748692066674406842755 5
94708259403759545439328126461519786010940922100394662393810002488578082153053964123626303568044502330247 94
33432134418808431469281618392368201869189398393330782579391518765988615852658830313054820647419923861166 21
69190459756562533363184467689507529925867770309781132205545268932341196377415807042979172961849337651669 37
56215146488138417266217153236227108027841813774596097865572452165349267876088000918807075144517955918932 074
64840761990517355858488913303280635078797052313167676931577378195940972123726379925971534942241650491860
95916392980515375415305601083541412442665308841170889542644097702742282321287378185848137739355097493355 1
14062446643689420453552379302295569025688892472476482856987927771770439584369247240062220941325554943292 3
26806265100656067112487799788039988221458634529591716662481653228741155327526411248966562365362717905170 82
01531002673539588247022325281639972401534641220320257977808273135512050193684281552081855499751491511016 091
41271160844540090762083005141646188255296346220360873716790190582518946838954046826629717486680083930295 126
07766929924069435225777438631812759679506943700156062505627855914341512413394030327712953253107118617480 25
77223494892925219809743089521223146195766620759235563597266907679866612332910595279610183431069070203222 8
71625208361195649481175299713274973059783552812857854784428618168525710739979164485073794630194794860109
37938364054003035089249949138010893132270306436604092136152251750336475912552993362345087462062522116152 1
34533464059073152732407955939560032748790973869426066361431450934795793642528207605767366822455612779788 57
98509050746557599952332576801978516473222357344466124947799906429335103202924170618147695710507728019172 71
66542272028024548065582926562444571074844343809247355832405957272928137009317949584280200678166703234830 1
07405474219268605401978802767061773311698549010053252658070039193322183251762219500495602329543188072487 0
98922493307375904553488267851895773428251250967651971856799652910171995101746478143027813335716956422319 34
07571376783460869671224381217307989693831217042049112414515862212057381989260281325336165063327096126811 27
35445764503438627183739199389437969585611671266838339375985582646154297781331791205782912378998922762259
15951258427540001446320445791065468667324140533658619184280422625821688273710321538212290016053895557458 04
81497079514288287427566570758148260548242022106120376883410734370446169531356584731584649952332889740861 38
92603743654557103135730978703051579767418648833083334683061776199649533323434059168678388645247041275531 4
39579402788421613759684918282328600660928911605076118159809805722967611642356009545878275530999022850556
87572387881258582934211212064353513623423335454800037637353922844137466447546489972715324870623432473939 4
94074367849041727254265742675895182796020334362260618434065482929109694732775810631500580250568949213398 37
05710619553810369925100616045006231958956852776338414533870921568787580321274603112849248871469759238966 12
16541007845166518759992466071299020458345627963424995577188337647484493614890337338736408448766512857990 60
14570270031896278770775137289513749285389160134511814790912124554283511450774662061450207874052719831064 9
13195084319393794051393560862448712063282330972563106568067159358712039921409666332251191044508321653543 62
19937775858432812272309717649727002825335202360334694516082287284727522818468777375072298833913187683690 26
38244934888564346061470214101593355370833759261193543814535258368050686926516021391963890042494502607779 3
28982929749310257474851915475821236842755637397781015150277718846739673439741825642715865300921367338800 79
12311266160418917228468906382678717224697734147003037709486294246783622917217912573975885957230493800358 5
91236399689631216138583104648370796376626799297615668211984659341559339167444688620035568965184061896502 09
95787949475034213451064682948191357624099495577188337647484493614890337338736408448766512857990600650180 35
58021757432822372098296405413984917686142541135780192328432235662201253375699710382103714505361135215808 75
44325887517731498123415979007748415485246874718698284371642775679661218822589836535864612337270873161639 587
82993815527341580288062228960322744791973151341958948838419529290567529135828470288997290468242178115881 25
44500275773489756610693699383060028442488304085568975649116156938287828620459017159206618355597055735021 83

092691196050687113637921989163882647003032398559982585297372067596850212232594796092137013315436900473475800526697316366280876754686843154412005445181096396331779963270733270078424261594328719836710018530522110004993585898093472727826131245222554744663365234690260799520188298486579293564334105861920635765802134949712381542333263330818249633020386361806074300789362848049457274765559689769047963077258435896097235562688527717695095754854674156318936544434526852522687331658583367174104535186016897390037051140387216074925657286694144634342819342201078799447931528908070441678372085914038078719202046871489540429657782742327726300675482683925720474289569191676005205232153821140887324067972558836997229770397817477865544513393695280467309791987546440540501535598421490176493970899336823681797861826371377477618992421396475468152180235657008465062462125800938239375893983352553247370307268761318693261257333372902749196950150840481799877283736652550640271936147773259880890814946394227307546211379742525447857306562061623275845663368716041054565558219632284442580016130922925611695217058561742929711169937298798552686573679816223076854917332186376105773517153378053363991972531737904670385755272237382781358856453237660838981202294975179584990141689663452187860835838411893138472832576864873474621953538997800875424150586749780156015931136540552070950803525500481212312377181521072980032310175918378625405659625399485447107620238523408341501421890183896302766908646062889973158305000605416610521126183324563088749423761321117383235991026715443333980903010767519215606860915099297579489847091340484776037253316486633723997745741707870588549890364782505006567652766776667301814279834629978631154724719046381308270269502715524345837771328888401133228561232764247580549141453340043073513682001670304896740791322041732936558863808199024025042475897990619973944942401393859002043745081712616036278391241147268209085690526837422506891099193767722077687371267701529071296822615843757149665346296154035289806984981990238158813249007282842031664545864518677818717177277928321252696832297664124549673971527879680434765897561265338524573915134381378450051873859153296341405368948443972255080119607926902811622936704343711583719538657786003419467130966534425355235613503926374333559024877800931675855665020261424517552023105180379792416018681653272134907447418792630463793570195725465687076964902562831139490830659813925877165753432905182988307442209315394562671891365093277852758561418869150584311281806211645338346145649986102799088783159992332083497034990096448289736199726084130305016138343757350335026967919910039457648503139889980405347620797995103556280094271198077141386253746894200671129290379402110509931288176786355712128822058452590232988278448897285576764337655132098372084536519727356629454075207868377482599376950854745853778544015186687032127032510837885753552532742246745616553017529469704928604349533766319377581531269112157125054564936628404613157549323436161143868941551917955211604032794138704059736596828772355549369536724926033527449892888220448868443652573815372928912923457744284419272505276847550382702706328297997583388259937906789963676643679091137000500451915150705020853744705320311342837530396450683734947465152543161640695883965696047762481007698125762324020765632417456324714581766531611654333573841330237563285771114579477361177589109784499748713454994540500897494312370266919160022779621516016443144632155674657986969134302091737537932953736310293482594184851531345770064943730097642085895731774231457672882967906750299223152573286983302634123352631634902064902970821006326488156766324254448670392133376789489600125136265235472565170222559556099862842510886689684710787260016738324621562512429272130805593262213072140936864354996898787430352676884922123183449241907637475772644625215974576466357242752795222891504064277678656611519193319181783056716465304813810106667342459156864174457688390624192018654102252669706153890999072549984285484195668192454519747093614515290174543091827577151361181673035809321460322584723516305470606215426224324546964575269382316655520959895041093425374308599977137004258858340304497267109629969763233607776743734798783567301028647138454592871637490145406647519394899352212362474366131747830486884631516036592243576762762344665395897964687905529239027020107572189191382148316268524904958486754329312418264134662722820936532772839766755726728973193812934194305723962072329200718638676466703063646013311111642546802512289430533112509853860120123607044969978521095859875329303277162267982305510767692680002207418849030165005038534475971018301673782819436124165696392522947410357431851765836560341232764339009565118632607917338991262772072131617522225524182961243396282518232869686254441186238123306403453315560164046957423203836514566355749873441168599416165182496042597983926781613148318090253450716466442670262761185976491324768295272780570322383435150636721770663763740249030465909628596021797972553780014182019981018139812595042438440439211364872366629202063939628845314508040604356530311110941762961941572987345717820998103815045547525017736696019714617846451555599416726373970858649598779532421583282184109391640528356790706864210780346607571979891481554005420051073009629962347272499701122177816567984491943322263341503385675308244677410455032742856115745538742140007192843017744731423009836576075511271779628101472203530668174203530668174203530668174

129998351994223212726387715975764285213215158837171464854288124231224684028390561577968199897855625102710706283793994319073
5797975362287371994784521038316868652142082201926672315581011737244237560915148938634366652657942603716828928158069315905715
2379480256619126870887647506950850111370257880233381801903021002975975592681821635953507064188571900594974446979417420252130
9472461919502772132372470257029616316814647621846436446517995358777590480917246955673967945537349710322193694559627893779193
8340697253788415502062958387483096195420461546990222684347461767711319737486600087935443607302433663280865368473350668707408
9001847030676982147531337315428622151551318140954149797246706763436976964583092867952120199414066540432666834408196869186229
1765441036492080785729242338875506180983659122265379728841112013069101857603049832953269421418842594286621469527688063208257
19648671342246985264194190222362411863391302841718447248227557233799697074820024375803717921807342020805369357406178656641697
6077391209098134947021207251972136996423442093054784650692374464904208887326302261563579196063092369916027823649300034497471
2377945595124085823970994657027536675981330477505050536634574715516558372773100785781787153031613276848925357607846211478863
0351804029765960584867175676366593087480160999279507871789131042038494789432860884797051504283326524571886423198399932856342
2686078834437453092728931460925442990607871117376769598496330621775148848993377878678597852652805705486612173792135521247023
95325608190678852803832422968268728596321942836727242477443909060036804852784543854819955828743344189095523099265929588482897
7719675054392057716689385523977360925820906934305789867423572953120514850903846524931400689961737317358162222944554161493578
7147750627037619249803638440016091361171137295576618089263846794027936567038530575791129885739447837576390926794337033650697
0742285963808721870399582714758000440222404214003303590360960548004718847304678286807740989832225262453168032030484435109374
31949938029908124179211089542392709654258219584858667992411578844781521955749832225833567422679896009803200935486510854946767
6713405310343499864349758000212528683583572136597820843573260466120507046440920052064378880684041999585408697477316017503902
5306490362044945847644088204005386057152518221779351801941471160086532948281060021915944692783460379829268818677784883782713
1481606681284808747904302342003771308964647817855994618375106206884413586284506303464419139428937623547427775867690146782289
0700609268325225032463399533375667289976602542465979519632609027426151574818652781929779836811013313396516257933184194070269
6498895138692396126127536959206022969008742083472084083318841582638019383358973224335136412244321174979404766824167809635203
5664154332541509645019779105414609437498159904457928380288801335624818140726114232759728948241418870259574549342547227469899
7687716324999502288504202870838100814091887352633183584207407484467339783842905347106002374219987211762683334909020907386533
7959074920892830301072077504724508511833476304759820661789998004462744803701965550213204413964236745069537087816977996937906
1637848201169796270721270358484324111828867340296384842142575919674606729629816167579674608299597127485706790346703915786858
5117382574325190397829954457674305752992830286341862425502249624197961639827349043594113958984043489575783324648221652497253
31811930558561405031076548589159152254265288628752889554577367874202707374864847563643074231957315987013471074682329585809511
1020124254488464307122717488658696436722573125740766380757779685938518232158037901388513245670422527853876610135195682865233
9460402003567338602520551347530790074689452614361638124660204339688182998572534654355285404636104131214993769211630261483154
2369204967029114594171946607206525843004435657532664143894277220905575418429536912080347379886707079692283896937508881614607
3838246420008153936740018862573076953499730836725281014943043645634975213545319519500307648237036184538497756361633974429430
9886387198988081880867474958317602229846725019591837178700154647194377402458796441934330527377861745024524970714990700051872
9283458717863091748438785506397547781397976147109400579933368890040220753848252513990400042611692647609709768013187204140666
8762554595422292493849462711775501758620213788767600298051574112378095519278181590820663636540356868332445566200951604633752
2568255854582920019306381533873656517945743702588756264732107732276466231522699379582538162507411935992575434703207518963929
7929216240930912990259044551217209318964219773469495415021868337701522075911300888689023857991582629369826546088746278526226
8142473188858857241665126195900032922440472840896190026492377307279303286983507199509173362220690426621137935737879633982192
7111179243751868381575762134729227304841109052893127397566546440159910892056359533955062268490348177834016388807477585910604
7358664560729940094200961204335623081164981455149655130085846117355240521617155660413334758759788455544592175677562283767227
6901154164921122464223603954033684550113426542474489895459967920364442966524827350687996495015740462148251111674016318128237
0549267670728005746329061945617997309444872307063028341619378063284317025062943023983874718041127744515182108640001558475791
2846401287399509776297708262263458825052078183457605053081571276816461601267456151310391071769738455783224133003000553471951
1669012581135208015637304690809309792735536585649135747113509044127590764902991938820082621739395928612333657270664641027058
7838551318934657962685933047956026011545035967710140057993336889004022075384825139930863716334336600792371240645717650036410
6122054356868177406253057006023018982910915340711775171244237036436371589022011623171026335650130243991215404270127303916604
3485289217176780054435379602681447698747940557159937783563996621006692741927146810896204073611634720258984264744081961204033
6875208970108806335428443692521801742512119678569911053843530294746984707806736754666776782538372304052848929117305480298931
0613282285243013974421278401082297992256374991861619095395092292352403872656334962447446903480575135659465046250309625011159
9636302403654187824457074025894880605074168390715058032424183755862679604489403118420715618426369930056835196088099155005241
9010416094261561779694495573893623350956021693845302940741535422017008850593410802153774416896765529000700113109469280003444
3560636076613103027287389274226652498990981590123765157043277319218502844881119332011035710571944438712183523225548677264408
6673404544135367403990104641792881141327732957052332339987800916026700289290467003455063211355182259346536580207046215314706
0321476780387345442039887757315364197294374536391622875767636332611119864676083171624695938051631791016021743160036372135135
5065558116276716483228796239003714331634809586892438471169048307896510059110496501599283143832018932525166768955897310518020
7091561282127947857682315030996548701378014203423508621889445113091741552012125037797

65726305117588445579181661243191479349987937188974667677782724332922702482645480284999856755494526946870327503783940036651442685682081309020949057899622100814077366965566279789587599381603739294081898326023111790605145978038449412185507347234440464136333171482978197669866965514005181845419763310556350448849713422360339130058979717346782373472329230517388505004636025681980627282581124555915860150184390904098641809717100754618847739349112735711271075330950790361979461708733284466480524178880667731106455884142874312055536864507541312378920501641824559852917028552982349175681519817495356504045337358004093736931002101619740994088572336813989068523058021522578307985844449884900267221549288886129250288528135271737803182076280866581987021333918612113360246187326491285983857042460547885994420824018091973627117515404746563411804862886439875110526018600763208664032080058809812466828727691582888514535559929721451343188177166455645026663362751571422612127028290235870314678624273023359989513383310690803679122897592232090053533983610528084879743470505105124297994696958773290081207079728796535839232426576733921443804703617065295956729932344168693092018662571582035045922274601133491784768678310636302367243553709325626949823072618631310910501643206126742460867916703779309406696071354477720412401713871525414787133745660229142745368281009292055889007950848372326787186595562128376549304312274644597738111563966740927499199030967831570443792739641666751097892640931174682418788465392879439142807191372281945062111996049420141675675141552265693285969399005410111647767529256494404428795835710036845090703458019087499993092734233237106046741074628981171010402778833821450983160613718505842790389539496134598694553433217133883804422922186848247101171485158347106099757869761968160124373302306844692710557893261660012950934985974917184503344610562408400109524903112915131020733536606609714416710891804427925263850255766220625664347056888812091343129654781619845396175301041260424460624449318587351214286010858155871519419397655261062478092540814247596466270191943785071869834968769265751713501764020035993835301783027817671022024492886556546201055956741577115904728583016542256142005548268513719162768982527266000770336835926768927117461645886443256295441705121686083735716597610278238848606701446329636821363730331746487176320142788006742493485684457268867825525550925006154697582885492108122224766822902775116822369502543987324561861209996738050145752145346770108025915298160421222311632876026457848920881444254178235178772946368491686378710335559880293528797513166009650345021350087861481652756934254915758254478587897790042101592801135480971581549325386490211513898577566392705820047833081031935861720959285030983719779563846649873345549013365660629589933126670354255179585895342556852221670572063731668209322415546565287062082026853326008665800583966090695049703022545349369418434799181485403175216153188936016989829712382727329618815135401870492734852626566640813648637887168029974341992184045267003600367500409637218865537610056424625258596762231120914556806149237446224865590525941436559053393512660934500187504997583236019161824686663731199597425637392431936360663346878883664893997708709923975176942932704315716340505835198994772125986124659567580313640200779332879786511301194767901228493345593727454467773069942456260202388754938030396642856399234623943497345356761485851861284466173143979975977684470929792773827647093562794945093757497580940229719554370143859221216058081004239743853304534367119143871226627091401261538446227736610886510187155664020489973871853842797408717803985785748721689263629340973705516018371405087714962816077982536251940718313705379598371360809661521893228751052274037101841254829712856895416149427943850639454838617154528632987007434474646146503414460256193649389255719342320962385728409362207205517646982530400643228756038069773146999660101861018400983474528089280983391290914925830365117302997654739251518450277244844953760476388640190634872499021240536519360231723663998442736186230888551731823996788171581832063096994851472957372369464794425482501448372864303542669964431539815277168679844685777731767242149930635976518135935392768068710323045802519156036464184552722886148251459740929971994529105998334724104185420272085136054307357487622738407920016734661510906147191081330087692439890505428382858717459060200884575644825190313755480860179403410944189883726523194071831370537996194333437595489813215342408428748244280989888047197105452923399847655171775144109635033144384157428360807901341301639615794455908736627890914427598452297630543934086667826431401637571705618813450653637288873684577300189754353864153639381737629018229633304944189194065973057535812133986275646249984703279184151114912113525010461591900896117079021888918806248825384228364119065587480883812073123231413442333531444336096562719210824764039272060888862628525885199283013330589057652728295714261949791649958943631773247495809598414916396087240559405897409518518453701084239110782354479538977220797522617599737993180176602584167834585215453135785842096991306995209918786698691244401060717419637441711983747153099351033428616375680948503592757074744265896795661933828768847466738762703577987555965494014662899892099869716485407230339888393676110133037840451130783799704331160533262199544257703701039648397527969197308128025112252295547855400513085974983046540495130970480342613893457945430944134454061344510462193716056552804448400880453039649492973828686502274528229948457746734337867550280099756051009152886664658790262577689571241879315839487297388771483538424812931191683160601354302997848368635277312029030297107783027747389581346519427561606674284360702040023876861045920776965676262878197065606120339730472296548137344619132198858923218674391232241525774192907822570091414081365997583362291885079488329453035335919357209167636459558136799238696355674929865113248271394607316285501241323117372648773982965149234267413224728863284602104136696644426772810414959430276723876342860664480790484267719159856451260861870402572744277451430790173615156177315157500598839964011480497306997550669610129240753037495815578462768314483735161008263420156868786356840858020119268252437039035251766690092384082646752617092602609710407047148153102057397997681579182981289235304146491987593615632212451682746172277968157330253255735223022968339827799416034826498569382639736059056232139294855074276485329426710589699458926421441196000845335333114504068653731319571484348541504151723470687159665889346879477616005065523052532552553 188779427620006779291742862951480363937155624921492192899450678497205434600196298474409674862465336371130208738147154833381661656151851119113468473236553824853198785818181450105386941315804289410531085026258281571231111145551238854904453479867002527077621741380291892762345238939140280529309686455602087750296305685666872397749985911356208348594264702238540331396655512294052067722982107716988738877148353842481293119168316060135430299784836863527731202903029710778302774389581346519427561606674284360702040023876861045920776965676262878197065606120339730472296548137344619132198858923218674391232241525774192907822570091414081365997583362291885079488329453035335919357209167636459558136799238696355674929865113248271394607316285501241323117372648773982965149234267413224728863284602104136696644426772810414959430276723876342860664480790484267719159856451260861870402572744277451430790173615156177315157500598839964011480497306997550669610129240753037495815578462768314483735161008263420156868786356840858020119268252437039035251766690092384082646752617092602609710407047148153102057397997681579182981289235304146491987593615632212451682746172277968157330253255735223022968339827799416034826498569382639736059056232139294855074276485329426710589699458926421441196000845335333114504068653731319571484348541504151723470687159665889346879477616005065523052532552553188779427620006779291742862951480363937155624921492192899450678497205434600196298474409674862465336371130208738147154833381661656151851119113468473236553824853198785818181450105386941315804289410531085026258281571231111145551238854904453479867002527077621741380291892762345238939140280529309686455602087750296305685666872397749985911356208348594264702238540331396655512294052067722982107716988738877148353842481293119168316060135430299784836863527731202903029710778302774389581346519427561606674284360702040023876861045920776965676262878197065606120339730472296548137344619132198858923218674391232241525774192907822570091414081365997583362291885079488329453035335919357209167636459558136799238696355674929865113248271394607316285501241323117372648773982965149234267413224728863284602104136696644426772810414959430276723876342860664480790484267719159856451260861870402572744277451430790173615156177315157500598839964011480497306997550669610129240753037495815578462768314483735161008263420156868786356840858020119268252437039035251766690092384082646752617092602609710407047148153102057397997681579182981289235304146491987593615632212451682746172277968157330253255735223022968339827799416034826498569382639736059056232139294855074276485329426710589699458926421

4412321866566788925348437392893982430392706310460167855928753060178702221330681129914256487266497168032854943908954011598214
93770170327676202987636152947610229639640039909446516065117214013250959270559294839736493301427221597943503979917780164905282
6750331317827873251215013278377486502070331355062275813048108002946051717988641864693830142722291579435039799177801649052827713029562457091027849449590050250012647562325140161203982032550275269695196707423516842119109820901473455345247385160545020
34488652611948457946739103249460175460659491334735648738642685188018707352591838083903679072721987136512691112873795377159952741342667405298605826727776084199746970641965902959562950605560002217637882818096465842429443116043410154032416183711241183341336908604073818218678592966006015260979204302690514322568143657469655420071610492607105516213629879300555912132662543344723751548317961256407867774243070700876622029181406555021360196341063817665186649322813420424200401705391395804503405968044825751340555490461633578438160588686022799179151567769918438574581979813620129705387867266068895188507220074426102
970737128356942669779338208780912705267402281903448878106820849595910794308881004695618358720934323233044096976123771969862

74

```
8211991687870983396113452620176959400345867383397823414732191382499749914065896773447434028358031537479848996761924969985182
2401768193052100224551085786038469056876364128908975155436650656165065061922181855860639525635204347894591616798123236057 49683
7482343890555964335042927547726071932198308253807155388521773092429941314419026355802110535798866536264151014646071198559829
2895490755148136944093607176494262910340381718216143960417698528173282088210369061259770468314059876589814268531700310662742
5740828091023311681597595865485617816146064344765193028717343009218001005873954834540076274640138242763405329465588088847737
4668362561690834309727006997481782424574194262607770979891422900350084332119239773590955945746815664694781101010369635694686
7890309337571102762086607087821065555377926088164133752939159615391062381538131481317662760323198880497921677961104910 23883
2275063964710076965247441460982262594476729758448101388084101452159329887353851807306981009460126167868930860243784986072082
8026692445109815391695973601821328794407922306758412984849036563034369087014258314198991054139852269307546695019990272201199
3438099809657194828591987672414559171595955750006024391473464999909496228073208901853177416621570733389283886391644137593974
1779799619064527740965797692825365348782886469722536557545252280316884710392694299440177441505654108392481853809722462655146
8903000207821275494505279154369817549666187513478319618657412558355397407737334160156114452815017161751179996399406119 1100863
0470479571340953158279114969755061425259661879019404745287573343889299080029769877893086987339902732472293618765193297280946
3921588010581209173303560696088255232179700576000415904488179392298445358037946071294707608200651516833656451241281 12940020
7911460827424310952033600285057851031781296901119673208609949003674260657883323675998903174678418827376211282261504373578261
2823923583260235062150253881205038087610757792341102006638835962946169318157504286066212412405308127579700257872538449057874
0240767751761182828022057007680331731437332224972089532223176991483092291852524674905187716587192839145127222439107688 03814
6764776825605199162428994664415868570033589710058172746117001313172720152645395750670172388733144385271949699753724585045185
1121245323760092430472399543989332763258474199660212612529805661849768230504120572683027889590129847903700121363477732672039
0810711639303289268969858980276042853098125791957324080531453599950680281647637678616204990872205057179263264470138021032744
7578509598153769279437353995599069201108684572761587374741497813219922100979463616836883769800680193267246356331393619802284
4660290825749708876116126193917988989141472036055099369088389305805359369339114503166658376790682533810154946336850527 0216052
8658989694225709635345492408795324498345015230231036833493083408235168291518964166715750476290195346765505045433189157265705
1498776384149079126728380317905379403906551343242579313304132494807608810469731249545345457856264329245753975443631106604365
2894034438429341310299218563861969039536229361900101639935285350105729932771839446878649027719241196947766796743216916174018
3719065604639000765211961148350720755529291017853787705695420746007253475463298759180083020271502977497891528398945332 5540719
5166657532309264951394211425540451153778645696623468005010557665686222565597753200069485364386223037984856936822387490319549
0049166578339743469860918339199872371947258845288725401284614650566304547236271099526471679884904647287502458292237304220019542
1976799800496115848890313657440481427769349793351969079124128680490501774453583056740426732857897572640251681129144017 12893
8893906007862203398066619650785808534824907943715105931869232064049673865635312813040791072222135766548218780519858530019883
2071946026351214279937006940708565595872468136554341671216007026774829236204014529850560212244185483378259554164191001106984
4160611119361341572843855737682243702736802105490498596516582972944555191824151604065511839707202720208464020439307 2986300139
0554348680805727208711812587793844984904379150529210374970100166398151949476294999864284937367525363175218833130871 08880739
2417704627889360773769147013802057889504947811588756399045026875505617416055899462503460092102109352130947675934 35082242287
3652738883742321134710601092049395617317488537802273146628841603886788153423753915600377407866832869398483480806707 192360015
8571920292311341735102217455941199598354446361375619179631104018047448036094383975482674455197750593663593250578 03937
9298733887810177945608175447381355918082998124982315003735066265433776452183166172959235665505036298871193560120416 793837252
0077159314190351927245801694493938936886129000119117055885151579807832197586364396223411559124784518708290402202070 55268885
6767767572084330196215790987271279823397076704667834310190431379390956741849317948755991990551409619689392255 7331938718224
0165404389424297616591282596064556567678962695006754576610574970349472098549641722192264151810279891105903306539 1546659670220
2149545429252256801199732233186299301288971726005488830518019073656178487244896155732164825745745381614346708401 8257113637533
9420168400511442960030308232427627244024943439561055939330737827909395440108058510853811441266551615428905286811 7050960782891
078997195299893421679462002016998984965144055336949093144156637478982789278074171170977983171522522769101762906 3753678229868
6927280589881500482306979073492161899553670703347937543360497501320796487701633503686126477167988904064126716909 01243370958731
6007094122493621549649575492391338905213792848132560065407087219295204117451146578362108110624285418078166194941 84581094848
2260635786400953180380553175259088246744194408371697512638377222189990351660818503784010369641914891107162792024 97884078 5035
7701405616347874226404000063558174689957745981617176542473582139631395910437548267445159770059366593290507603340
36403518166605499089721637891019331493529788162093954196820658190642862266241323705903925680464546366588202705763264918
2915871363604687363845054497488839362556344690258479973397243782686679200489425440222386948917200466558257328802332499435398
1089464662839861210678261585278995737113648254919496669990046514833047867362138961073974997153499337256567917382050679480335785
1703480156848711905733150307323648157543719277078267888498830184864653982118322884774599068233974621561258538266237228319698
6025204337862773557515550720101605978712174650697369997748850582368618239740596282838990617184581682396699394042340 3802715214
9341645806665060942561663306049310716719733083603314180912226728261653649177815454713336139513693578970790381291001807120 8674970
5696369627505283724397916287648645576810769790438777885368984373003601431294864926231077274903709596214258751429326687 82844
7880787628478186245956781686625830268203644597885098290589525294417211335355854411423995153512414886100581148133714476 20574 89
3722416922190639131378211620178787608643888605065870832408698639465194511688837952774635359777800599642251188127560160 179159
0224752139769106798632092833840600810218467139811866120510377179678586471588911919780820651104987209273293674446 64555227833
3155612789461598834836197608011583131790674551412410020867752382054641455939740369617302813436114181603329667629760 01679942055
3340364035181166605499089721637891019331493529788162093954196820658190642862266241323705903925680464546366588202705 7632 64918
0040367760202462557785256697703400695921577615647642596347433564716021855127675264892216759998015472591183530177901 10214847
0226732507958525275484231626158929674912801498005754149289437240746443811161096891279255334866504394777647016689704 62497021
7334733680794773210816019344342264216085801303502463711108941466102650367375218450299124692064899469489774830 50501351
6545295231372878571956727250335232725011490885240111221231522395356681417563608279689420199323245274911500056806619 067100730
5621131256401829504993342817836112004413870830454117779908289852391031652175532217390838633772407026085160186509 75472284511
9753912039762759601990538382949498226841606942377046528511859666876627751845029912469206489946 9489774830501351
9745922277894280494588893626617557558501668491138034540655338404509254779564836853141322067280529532217757679973297 500007720
9030258510443246399340674510943312435873235986285879361322862400827815076560815539481580746263592719106228645291 2195480912 73
8899347689840636935015305808395651394402432325066224298765923968269410311308341511967555361378398542211792194114495 61916 53
8849185979570643267369745935938106687751104593905615875963496617956775816312907314395200211716241602363878096 3290013324 7037
8593865529140518948540202174774349411807469378036532613139946208945557490603976709495500802649687908339220773 0630331527199
```

44794899781981828956639787262359965053845084022616071288706919179553483412729155634507839290955496217637809414476039267620291209797852610126161587127075355867886070133229374148009805349019787651172350139260320282831938137530461743861854870731522878960438016260215193217278125010113566095539593934826629785009647214769630414209285608367553697145767446582513779268930034981876730953665615409401818121381451571893485211413762397475912493597045511811135126263852182268414222905761672336221741638596959428555841526603258173569687347871528253854686617083171567897986920796685793852038673279363131109701750909153639715777384566923898418800085984984931159137283608134143739359840877268138815763164529904003170061435515871321048490860408630995545829324985126941508965889662019644103033569857578797191371874747941989023985576445427531759127821820679194009597944889802165519947491076702194969561007134306836058843980625029333392918050437874958457839559775219184993991566568420764440157702637349736079804389437323371035779462949595697528642416907667162597431170280130433527213920989591016293150314406167603304487131088930329252095324604243871580713741133334967521894678420435201200510171558881014072790337090139060829623257365434902251585715973438396432549682824253927771242235747636514746268630421600367373905728097415180623653347788062977836503169624788766304946589041398145368349648376763797240301315465398808413969361425867179381914048143126221184901047710700206513634019865582459549151893608860207754337442587939235037833850250116772705272060991938026117950159381871004394547864261178425146172560273804763286997966113116147174598788554203789603048511936947192108774950855386289958503777790044798797681917449414290009803597024431445721638798732593334748433045739408125512479377208382988604655248714452068120314432872021824917133324123894130322039555727805144049560581365140986160079051007464557432653939453916147302445549149359189950093007018061723337167982022231732619520585213928754849996642069393912796408926084161148803306464994054074645973148240396568634321593129943937077821600270955871259263938062653090637221597490321446540827890353670167098152389832704238400163481012749869965938331877195079369730835694367288565061102509453352047041905954246820198982796106997322621366281676361229890562473377629237557610116540065593852372739150669963647675769746392058971652286497743450228410350888080930934618183666737157251416382605626840092010884137838892076012300086402723310587403779236807772363376099963345491422514026340740695000357192016355410390524035290727326982389146458549806071219716833951774684572732705783001650434385226732890660418884113825083413613799619810169705273677247197959532611776223445398195320472440733945521293754849964621282877989475926335564711248098447886354857684040079645408653431178446986669963135071535534675331827894217490529540847002365155937191300707653206310616642284605754459136274080249442643024742038723113681403501164916738803397962812882370862631477737109509252116696677284000566965235533123572734471225058493342100602543804671533515249182317846165102580881801644604999405884908523540861518389404360719340671292367260694480645999780777249220902903862440744586970142059022198880684609651517094823060009646570143644076806637296875694971835462583416136179904490790632772090445245032485757928070822502302639683354851586069314597838528316945633618631495689530751252054275834084337654387735755811332332244587416913044623332885304034168185327650796295332567196803046626222693929242338176147406217694381301816446836256060288786882638848622844076864987050543822925806584870404035562573225674952011143193754775407709196207953718148825061663061298051448188887162368525155484810875745353475660509108998904257900674711631644635484862584532960111660552481236658133484434023033838766947308531146822952900928520339707297247845950326397304709692877275566741078792127067696914719162964677848426437554185756985108165871827151474955036156500371320738054521273860737134932832995067948381046672169613166745564983864106655385195711477979870840531315130469535595601250122307301254115315842184760576560692731207540535622805396956670940455433100169920093401603015109670070870330896286586954811171164472224295645926247022843837363168276182638145452738190115715089522016695558952554622067920742767776923081152264751106824433914136500252404069330258598945633927053995338622815345051124474094691104511632399585150575511231252940123674771515790267854466343783299768437518167132466395464302078876838454143331131200438362720947289667797439488890340333933477149165560987844062612358122351295492562595858381916362448449112393565765871050788073967088109766912105133672021088490924983481410808514719793119832560149134071181692063577176694886325675813099293924297913112696774583490608959014677112197545328687949100384969406070056456723771053491890644506528029557447570185785935333202534373141442053035818947250256597741992239008550333847929623370172024283297549267427174010931339084400603177150398839717565171566425066140863519754573459747328546035257708163790805387315806922805330698661071761704723189417223854132675676846108506936197728508880899912059322947870172365995791125474049023042173561164395489353844038661966783227383630991110052858370782496250614551882569385163576399303075590707409177917689609909421662686399495930987166518752762806121677655991791029060977988760291131293858955350180182828284251271767414232794377249083446842157094679010491342939738156593513336070619125183966348987890497087264413445808102413965253897143908591177522524117802201688749824301623732990165423895888029875750062831044553948727701249308315249497947126764811041792369032564979086214759140723385699856848993207228126831503709899193137602227680917759655713606533754265154170789726564216949912767201935651871297423897420077422706008183833146868926602940980858395534529813264337429843971371578266348938817585285996432152468490221705042364386297153173037861202578285472396855010947264868652733936132705317091849608428679730630043616542134626766101017003598757979069986223205488026418532486292510961687965980769535361454361454574545400165223914248148929729381427906255885970122387283489024057385524643249335448911993450272065771715210499127908992116992426409704094162072318039496941688985426561530328072246825542458111142700957323271901559885378957557116192459631233900138923872721527861242038168148964678214166675876691828545852443941373067714640373430940413644769292935782357567542246049237725453066312268167563811599943197027883656164997453561866251992177475878966802204666776259774383899566039040362829861482702138619053606636684579151451491296624149189690080818159878655838537811570342660344304822550131978660476762711519141329606396129679567514855605359664271764873387754842166807326793446827374535661080150860574339919862152957861118559244723527131690090072760229277852040739492840810208899856654021554993363375622291458982640581718488090035219592322984559191694639295796753009154987100914103988738347924936289310579711504620617690105468930136691256496076455191533627317915600645968427476548057231889471398410986013028648665616266629576250090817839445743520393794916318616232450841043616455539817023339682807540816067689235015102764709565607148193078321599322556225791336901779370937554604175870705962239701642412067141817424641557566178175183211009184626487177650911903345723077873178804849377654425394524714942409147933707351348787631457698510024967498296725721838957837846494786944105031214546407023169932103605559461954760831410781549758552449473221438932052337349758294772936978542447331921658533831755522494658487593974612031367617692491287900551784037075161061508923843924577298597036978542447331921658533831755522494658487593974612031367617692491287900551784037075161061508923843924577665891503494240520078974138322121492467179808528463426862044702757836988286573047370179875498833918216443632043836027526113090044610034774779902794907612459938112405161919960596513900779096342935831190343056243567157340950561636287482782058761548998

8136228400631951119520178080967490670497658942820319324591324255961711416431669441618015524066188633117399506879643778155380
9722292974598686743643437724460225008217013149369918140245420915767683955013168181074034283041126865254986803264579323184502
9509774520138980535819414101913198483386798554819940171661584883611814850491864675639177286330583746651251909951762786218 2
2177837392160428438123658550359877683167988769176678640376960033967280640457345259752019328540390384327847518556147531022636
3733593846397999451197734568566544674283895819110350875024475424075011754726557934304064164481640001854896172357369876500209 1
4631244006805066561821132029336859567547226664660246868542008039260740566298299662282786673306450655032884162938829562588 75
5409694680707065812198050857892405667820730191320067060364216836491652563135377625483089594842053609872295558275245931500943
3419009078154671122572710798521222737556163261030239205316792788641141183298226459755765340454234610490295722395875331197961
9502289460503083569740319848247937503897398279538992068971891296270970268160179994882368515441024906345037933046385059805006
8936885092159609249345461701869664702253261938819301682122648436877795239618136877735017839876014287972084836641077328764288
6925358714697839726188810338450333711815171148471575357282911137136313197782120245684609699777492196379684737496910945644214
6235274675272612853018007895735430327535505890027607241710824277977227327359006266638666960135223025608509729963153757824337
9250716217207440633313796387517144392662381145539390043886785184247175875379030663660093268883193121032320723514090703360541
6575082209060337201668113885031468464451916950436558866152125950693828434458152876087122829314072755593369681210990351591016
4212560711075765634430635117056731673432895819474549521611142519311002589041345289007507758318181226707486169370511374705144 7
9454619795301747600610679345348377394055213592998184654586798258758064313740405546011853240369098212099186716861209173423042
9285929309962757245031274894390964296332087307746715007773300833934315885963701244337695776945482607716097670861548166679423
8910350609046146044130396871368948867998350878040680643816217724063479178119162006295777701399370934394432172497221823195212
5379413260275336745685586088441059085112302706065537968948611903334311829339108761961856541457096893874369570612342801977335
5738962407681631584433584877073360720706401263672416841255098300951381957686151246486601910441900040538733567120152878262 6
1145314440019490501156417180146235530033460802176758915614799503714673327458150272811272118264669225554441318839859509334196
2398594556118494767478653220714920141404358734838912071052581636449069203988138792728992853988460679469997338628784322251003
7432806665926419930608469361675677484717995538224978574655672505567489493096000388116502599000599374017386660470626212388 5
2848170109467101387683522002537004909446671047557900086274869986075801005598973977527485320741834661939937899976107539930251
1442615689204855197230784075822784838121258467816828142174369671787558021216863941507175891202523520030936999166445381610008
9088130502039169341159108232754929969978413544833229671875424182246552003796227904310697702416765482939497616404950028309838
9394260224304616904843558047477224038717866934915392885786302298924314368417304703015701090230606750370244720033264134872856
0100321972365652015909492934148262122999823173332073064879601203797276473156563037609293837342346820918332034208803758319968
9240992749363529073564984723927517964835646038113180744527184622345859794497228431805274062500057844200483005238238751084855
4266486618458788046412066810359198983969987271311506410818454904555799276094354218400671764553486156105282475682962685918060
2937728298792442529438708541207310252940498327891791277490031521755214882526034714160181953845417671180625218368758194154070
3676815615766181720477998692331464036130334652040184261580390264182536185722468448606128873686999272027416268063766621120 6
9290346196954581136434474159871401892116604662265826615905420679763943593123662045528756034216500347360119434225614390432015 7
9417118517154276396517256864538467095452483713059489858255974527756437837209390373706448775805380896666619918396305543463
5153154818588677926291272536342628898525685446469814497461892414958636636711981400650685886080602242673379881276879694064970 2
9915452452721325754589524917311506620858665207749095296510075340404922735482829570256900629358816904146510697177722409 55
4461302585438178630485080605890637380905430695026138424227053753545985909932669673321651519481725345327473336027447258527 2
4539478578704905847586331157183663323591323475882593406415210390728719363267963759284733131612339781549856507749574263019 2
5013613442181778657326845594980392574196969999878705400595954904055951469943143192997532969990292901811334631849189397316733 7404
7376102153497902801317223379127998639147101057364580882496403779369144260225224329182203569479652296324150462593037636643 2
8408656160231216109902717797940482442374377242175453274369030749262617258880652233261410603816532093232026699108708475868 19
8563990498575011764366936905969923154043687532918190720041575982623454067270157369711333570414032093793451266060707990655868 79
6161579984934109540903212436544310873161586375727374817450178665573793984866929211759920434224760064859760054978280629418739
1474964566469718926361656589289656557445804091434008657910129767352240740115063660554940420100232031087323879761486
8663489891327347014448203242931178410091528333303769111970512525118902970829429748839813714997780527816493437050643260053526
9810691898658868981610889926992043454781553574046529382554757923965125781698498673421821853124073431152960821411209199994 06
1601015821912737301650176709558118619036689777250690467857101810593937314388119291474944356522189626028632586636519017453652 2
186387681077420915836469090916518273980753103066499806244849277475618845297329472713914899726840778589778686560487233057524
2285717247344366674181812327084159179147861681978003287524219464801193159379351523941740904190984125780990903889407794204672
7049153450002402745530730063617263189921994452347214521842825620092431543766932016320982207531 4
4129412640653765264285434829706936551168067283061481553500677992734287467170836666020537292204848408702523012585717914 56966
5795239635968627064590372072680587943981340066767014117658125223348104838686771740587973689615599621784654973073934095466043
1458601540495615776654563646469646714080302063879359804284963632611284880878476507582889
5677458958873610951974207232126233355615193382471760218186838953006797502120769043883128356258145012500711902715651443627 0
6481495059019699613904056079067372607241129244719947702838483531863329817619994731283314419159687775042903279770347619380629 5
5123840138422810135676929695895905443982892666068780103440596705590520766837021015952195139454477311874107235279456084435 49
4667607928826819356764666589161362140424785642792681562544850631668526832572465600274776524127942705341934828054626702815992
4539124873739550940129197783465336557356292939766808769975254166731232136939384625470818861510475262032801401652702615 4
9188335738189169712195832681004195765377021192118272566508896682467504866699659885042041191615332089885672380926018142811762
3447955829428808581369886073727549749121306874374219430148667662596916951953688569117493823196975595579402179388737225151599
7140544728709380395510365484662819650368486846610392745568414363590177441434308756512080771456364481345384383315637234554418
1039438968092119282337414507618630565777377941453330257820788793371355232819306677810347448788145330227671159824630146773 91
3180646990171453231819572964017138299344586652810423902920440420503010850372889707226673204164075838352116255472935420977 06
7186526207629462704362344257350566320411252128722589414997628044698148556517741257930283697453203604606150615692381
1972132510518061345213438176817327628414181021644134170249175584365681145479777519582806628442497503791747723620420424505 73
6306091115484024269956433600353014366597511828032803953421054049191030567314210751302357934877234239073959389300436891328 1
4854688219705348268064063344760357364598980097171769957520437563554521685044224390827808348071256800321238051374475 5
7386635580661289825695253557232663073951954063697946913927391950929709929134880148670072714978516827026090507107678965765304 4
0463362626888722627429312028751738497554214315049980745646121569554253570152014746265873588291544869367168210972638770366 92

987627033326926764051123565917877363247704611611875283786408803828013634904145085131829558738033657159237554043740366009431 2
66249374473501836940883501231805702551089418469366688303806236043616899868181504628145439937084394672379528195303288606093
1547805411053979831739104819179879373763099182400716369535925678358669990852568284361799920448492158286825542660666948065905
5883754767477890063030763977320119162644193123137332822364181193438305058658558544982998689911466813117119421891601793736025759
6321853210486874992047347029942678712761333423766834282225657565015748972028034318032062448495723097390057150931453891843449 4
3828397373451579980515625916432262701418620623694475930214105085028120360491099390536847805602166270463685525727413290604228
9956351025228475190703082532738499555533044957803300925927531635221809889882629115980337112570172176769045456806 49223051574
74689155717101756724035418935061128887302404314431986958652186676073303854903602774609635450195252963540703015970324098511 50
2529305886567190112508328471496806489438130078371862392446817902162173569122887239480216484647377517681894212220710356555965
0797948449900082719355281479143404037138717208176090319885645874610810910593691774379471287936895032477418648580648196799561
4643670824870899368395131507203056530300788685982036072066991673761641475665428771935359104452116916769281639636456297834073
706478827406183405435707741216138320287378790378585893274553614956446125505055478266874544550908868894692718598894942344950 7
4838218501843413032362004668070019175045926284083850536431267686980340268115807098103458986041308417355099569441517991754323
34806330732613391399779788000382109132726014549611157042858028160675162338135386305242956383309503201928781641324922300476117
9535824956059145300042464478806213024689786559692629257635740287994013569211675539040026996645560256829723695049590996027170
9738166161868780048327292990594281029681615746963060606101062267170212539667479513893813748538953517578329451364260069361 890
7440005669930174020113667731787704469450601292260749691106157620763789334504137336511956003290783523596465326574497435286 72
1116298075675851083850160699896935867152259646305700913908762874164925417081690096847309548860233298288880010165296280897 69877
2319690742102700934888093445551218818833651978431853559606747635072216117872873563946565543427614068559412425912141707811 630
308010192587621993809895894305093968251827713033033492664885329561879526644631906349389649297974779630581823776065803540 22796
6910818093226725142614287685085502340363959705621412515137620467224442897997855451431901372056002945670634038242917807 51257
2448446357715258934722336845268000504905794076592611834046276469983532198933127117327105112938774627200813172632086712472478
31036953250571166846693391999383834165301330924772942935847074388263424007013217132097282749479611635667826150715662825021 25
2062763897515665851340604552901092611263816622423668992710649041886270014421128735923939982500565800643250607509458935850072
180729322308246108258185874671334067334432680515475652761921346539184103416388010341256426290757446663740257850531 98
3903372668539128342511388977610370154705969784284381211041667496423619369840436351387622795954521514689288313282394396366129
4501387816765909292508975324716691236834827515460782728044518243453759655049256806485323099928145147534550927555277962794142
4557440525521882532395562508572117996353019528157581177443676255097319751155651484513728542407490483808199558809151 611793921910
4261909284857816139051482314744553101516159178414599947122390516596944103972729574115833974593906205007758070959676589892496
143734348781563774420837499914618345134117857213565765100282165348738890697229986294622686851956238623205705378942189593
6784489997283808225129585737429565314870430403219543301647220458137905745288020747278588103114085879874721186326489844 73405
31146044004800111896474216571999311588903720590031466418126179209119408878500667780109991854619093489266918509118998532 81758
0156149634425272742021323083262625378729753474780849648620547437729805954092014555010896994504651097433300597993305929836
9175191591950065584884365515633523507949744148699554593468266676174984193192323919858493142907033972490741043353155071 61857
71284452704556151487208217879010758099459907819034076848455908034852561211244638832388776007725640595058576145061729291 01763
42106201632276313537086984161133843351915952199342391043910435655659731008231699479978456341143058743081588848135857232 24599
937160845154432247333257447326902932113405536052609072416883753354361412870234237825270895382357658516596417328110042367022
4794265894895420024627797793098934507602136241713703106513275975961348992427004704712533326422774262347566320225179842495 24
9821276559511394568141270076623154851582573596333582671792266993633918066855094802896639701633580306357779206151292995 8618
160233278262875613869534898338580784048677565029162328102232126286237036471167259091116220744994470337154671719355796 03406
495721839913243157175868905635782011935622777763421623672475667687617220610152133894288442755463803914298293409706376 8466511
699684549774924842162343549879019005901223071102480858049920820637341521334526194822718040452465922884429554190081544 4599
9371608451544322473332574743269029321113405536052609072416883753354361412870234237825270895382357658516596417328110042367022
4794265894895420024627797793098934507602136241713703106513275975961348992427004704712533326422774262347566320225179842495 24
9821276559511394568141270076623154851582573596333582671792266993633918066855094802896639701633580306357779206151292995 8618
160233278262875613869534898338580784048677565029162328102232126286237036471167259091116220744994470337154671719355796 03406
495721839913243157175868905635782011935622777763421623672475667687617220610152133894288442755463803914298293409706376 8466511
699684549774924842162343549879019005901223071102480858049920820637341521334526194822718040452465922884429554190081544 4599
9045704939272983216883413429953682586746410836728468331328743219812300745130314440076835740244627809770130021421871235118844
39078142864574188671303162743814053388576038852946909780449920820637341521334526194822718040452465922884429554190081544 4599
4754395273511809456262378650721342386754878162350966398758989078108543337220397544204986189921453439457001076699302333404 5070
6235582283219793912107163390447845740649596837368359996102705598109343275457182265819162737640832649194463392541412570472789
30012181409950288177663218498545308566790070376265770583827317495612091752324760127284885442229898679988266283950867894 5771
4388158096755058011481632951013417845494953248474350246166826049086054349862607076952206845769308881019936388602059081 01664
501587218150057434727469240045628013524424290432379684768326499578595418767960988824064974266522958440697297761914 6264897
8315102874006697923203260044535479441981998947525319571705208553161777916410772646139215711774029913555015167097966196
5240622229141609972270298654087146907919329111017460401206520328119033479335330740933967335438106677644251621091064097 82774039
34724092269713998641932401833676257879516616692114857084403473110985771860414380657030581140896522799033707067927777173 24019
606366909599233660061747596602743647723647723647723641233751256406957304300738718969760826253778407616890456503696411201726055110 5063180
587830717710457167891720931555100513126248850749712570882776081846297351566606413813185775692321942216169819818336 159109111
212964068347654149874892596769391552088999743483482510977171713347748490424157044765736574577528870313708739190721 8250577299
31772042125966177890946278107374893967275333669497759775761401339096400599495991247742405822602274734791404365977 5007117490
687276269345637528762791536610334809869297542898490087041375521603759467876439843626959137289972377200731453366 7335269968366
2926085657058390388233598383118961476361331704366521976443607494014496714739566002324843531 1627451693498591249405
11566354011257488383449578205475651348672535333093094929877785668247383224713634127815663824590502307339832536 0830038730248 39
639954184028662980876689960054360674637478175973859320010970384009432908482521486078558007203028392624814842 1075676 89436508
47829172394313537730738338286204528507937143479890247754480001573891165736649367935436393206776263021 1052152101359215
46954499705888762836579334060613239110233812347891165133960648323734302761158534325707822596745669269944 5065492819905 4027
8815070629903621350504523173250136706243941061807667613786614145637857660442074924229269770349845012651 4921671769633 1051676 7
2678488372959400567865723978442763113473342977198906007617859140896073066582151384491345615555711510845132159738291 10011114287
38959941623938505830323234420828814504339150737808186319372078380311364175837348751976507933520535426106483 96446800228318 03
2347662678243897034382825676740993880122455841828250616588718419177397134842495573553615428351062448382 114107566096796995
10482522794215673034781518686822890659954542987674836407842846866351695073592900599446525171862516314 1204544327113674524591249405
10317749743271643304786102452035794032712103848084464363330137152901498842752377949834574799875281511951 5943440298872149170
65555918493963736202353463688821813143720813493658980418852618146166856463897428391505958370394712383217 3452734821361569612

78

8326308516503821529565084208247108348556368415289277977777563665982862156502212507461167590321165420965414701229428385457567
2141738992979980052464181684733481802173252198821195035184670582808429271159259997015375097479007950930331880565580101398081
2298456546816187153857992812861037660068440830849839727976370041660306524614826604283117793289355874205593451881326476050299
1798338271637395986023588785134609267323195158872972924667709763509894677014028229224590936493192519317428596941523665646599
5111925468588648001037779316307387944437871151634358086838550980361673411774679552505415696325551756593001109871034383335920
0752031771871321169429737366650481616228139743691943602197933189113714775792846048510574542832874817932872278710961589682604
1519103216035886779474792592988509994990492164849713854412553391673798326983742448741274547096206337139047404836079415752936
3363904481795414111734936202604851201230536055436888793862914480787910052555989328252773354359247067399972692273992775653397
2566967152409677307351761299221420255506531429549087426170533585033317774602589152893788654307666139718694743502046969668750
5676637825001336654434120149780395334094843058804080871386953158989175443230557614844599297128725620764700238088330825578637
5448067354538598763808584763650695267362809861199004026798113020461010194459803592743530574492962422737733955201691580053320
6697551301973113370391256119133054329794169919294829390557267957952817726968793291142577732050021476019969815220206152451794
2389845818526827978979744054165648056210083302860547301031605032014574051888761984535029699992646579565001904482782417386095
4017910370254638143624452508870292266392336640435196780035665454436425036250795296489213906564841401827369714502145264316466
2100373809950418558874896308246574073342630025309949781559142128751970527100115710171637749883378795656865393442661195440774
1443992487423206042266159771478006548964334962358396221135312572898201355984815657020457482109173737866280253930704465543688
9747490658477949409598122447874322186601530097345480246961726712947787951944151344017301188323674487204478062366370035242586
1765683808485736885690237092290882122272083417008979129256543541940782689930557315191699011807050189588596474048139046260970
7341954494227067754033537102964836062032755617310215914346844155390956590974654992791537633294735996020089802640794682925361
2778983205853605856186118945140611322242712861116686725025703363488631585717397116032882123866374918745662604295318985208791
7692798532059687082732060772049087562497623985063918737880636107372115907573362989705665746883773515985230620783485667267399
4501972457061604170286561431266850797557168950806738619613357613077933856652942611789955761282203962786163036697657292746317
6005226248813002620159344695993323013044439085141440696129490951435113240437281803780305270161474596669731823396165575509100
9447720112313016992708211043728483536465802279843531764876043952080736225958640787345819153105945582524031075377215743214571
3447781843098447499918919885723488153921904520156617192555429987533454002381109748520270053711471238979747010158547538626802
8132317028620129038658514423644864928655235817137202938801752941010225202856911871860796450108765298425329716311744186507520
1876929274642106131317620308506790665882560616162451232983338560212251996132072858164070209062312718344848223007894040924391
6327452408745667813673557003975514278073920034353313212822873286895420618818832914189042392958293492930594813919419210154303
2435674476992430684895495202395456455030650470971258953086410011569687327280575346288820928949980376942767152372469074527687
4941173761124890701919879296423247494837186391329220403340476272852904805702005887722635976788174715798214217641766434900548
5153222335130502004742660842602758111430811587735785368141365683667133917403160705650379085284322678216464359301519207099123
4338444761974897013637518951684986306334712439357199345332511924340248672268509671224442280954862096706420714603892359340106
8440047536963864975135973583310937832600190925157443192037612293770890557454362847738453351375649811641233689229522888668519
9915916299617867208191837173473070068228127018606502753029833901466999574794461070267161116027871706500234454852655318046152
7980301358894310966438222475439771623046764635318028199644937566237115116051978758708342921467498000152971410916725705796936
1548756157178235831117710135901253539556871274579972017592606546190059379608978461902722181450723587954842714991331503962030
5124110916504419669755825132181861783569427554061455972705352382673571102318081972085394860182205482689866360286956681834866
8524544614408406952182633280487604446919008266967629645490754572236923327441664913195564864399458899338775870098805433186399
8554049323067761591828592874389605780464098420897405506832961139723922222697903646977678755173039666447415747265846547806596
3956489535819557003579716689122694699271512844864772273981174181488663319289946594706008921131898942967719657048618527686134
2368815000041723800282976700527792276554084855433348616889849738718678861898732323800424009638640679843517162511269725924658
6787211070538015319495771649485062981579894694171428204216416558665990728619849384917548026958461964229477931498122383641538
5570380897890076139010323497179696325471965649122745582635413234142436435745947492979278569607763591484728012121820571237229
1254433245566053407484951814467690589598069520034923001249866193762108500512364425478264357338213296609669731653535425624730
8090288177611337397206298364305054086194062218385024498547566872126006763397437315325783835487482440978097393361487310202390
4533809474159776645603137681106298921409016612327003900505022947613518859124106470656031298014608889949278623547812337075637
3524321271800610530855171703405360330737630187113669353217698428260176112186006358489653414360670914199779246409721142744954
6989146355548286434011040147223008474005897193942555677557844039936570126377009233040177201570971402261897254902499639625668
9084858977504157130429271592893380146276281780424512433461156729170872181169866958713126106655810971551555696334819844224937
7278998490016913340650139225583745253644587113153774964284515400536404218597690932979007200836296202467322396588374131752905
8662626944673521044260379193152110356061561327177958332423894101137830862454629514095817189416538188260985813625507028147207
4410103228385697701212667932146472801159682437711016405882920381222982282550564885020009031599084096698014250159959742561022
0263183617255711149139214436110185338455682860703157664486057682509194621585069508284940853018066449912071428675989866884127
9064653948357153197916296821916428762691256721694722877436722690746310853419544061133608487163008322078153715481543546458370
2594850361674707073027584996723132809601629361233574085051675867047032285987247398086473267940394913937913084973632414139029
4392845766383519842186763466430180868960692143383196042210094720984397666522822544368304222054701432565119426870397199293424
8063911831147159679288276590160658481161372294419943326376901682224343559260799088203400234350990585913929771576049472707702
8309575842707091369770437135759020267227121355344973304305067410370544077345958430922769374840395638204885926470438636211199
3542255000025611449708505270500916289296049847398305977089314120419837701870006385807844261773612787580995515950384666207484
8157250182123540825433798202752568074574177955302589468194577646065374993269932888205395151847408514744363568210924250171052
5863495345791590287152212995365959158076973734068649381356148346862593974252934937239229911260953527890147415209461916937523
3960791800588818378506688578822174089302237670789264905590178357330290498610475662408840463017442091646079276592403350052136
9750536665803340501333128071242798970006273729152590701666746437245667874325600195554242094453363343939195676804590871330983
4479621296632581163765466480890071124740281515643434631081445327339715432334544926861930744837353290342429022706323445090815
5379512377571610492712179818535358509941553871821944942708611496926208222831105450526017646944214984796916249383350864389979
7943725725850349473321123642015645445958323210258673382120827201102361718132916281347693613362316300055518541699451237030874
7176934753063809491488282318114601484735917650196830571470471397168054171207608541527790614840815435277054711138661935519182
5554967376875375655901891589207674352614885293763210787312387572064840823737530328846402348829287586745751741196425955473254
7129988784413376971744782895148060629750159810410965179248737254241586060709263434511221805151576805039523207983907038445590

172181982915553739405244748816084011428682985421981541739946151944675665399110862570266172891572116167086128078644225968780654055240840769809262297989089743886487188124121525858621071441713146827394151245402315271846416021045875096948375943180736202192937400119027475027176567343594247367066180398677673056064018589905357512300230660837087116869147579133638408623253843492671806066139046684337879651679007095096077004454535563136240513581616173843997008720780057279737476697330001951815716651448215634062181865695556952305997320961352796043608491646454400985340296086167453343809689982394369382494953450947169541670643912424517141260191624738270866976931180696097101557258147853194625746143530397626055465125435021452414343298249241381217713203403237186715206273592816337441031547104639631117708345350154482594576086659775717391457660958775366724984051724570082595821245485219616437893131098824817003842233206328850043256208492159442373470693012469333391888763956241425406832442961396568624031641284030587825646523428183365665185585503699094325953094250608082468414255314370373906651098967653980873587499377033458953019495195170217522645207320360275463941311371161162228990045708028475080284036140638147708904136189639814679360905829482054185806765374568452152011414513584740042491714183497910852675578692364608405102964056854716291147960516605129860116421892358470677447836979163436922030219888963849015241726483510873673134583953442150224626153336336148347864323356138053007496676208428757530744847676212129520464026842561574021989849634090361092184760431288829692663808182477416243249180517457605165276714859567236058544814854402132907532311933789705421376692598941462443758062516153217997346963717964554733553492490014056074363310647417667998572569863025283994443463799305182425984125798358649590627890695365185495918160282523112964886245466247414987802348961990493472819666583071475772532201586835547077836728257562399243554639377454477973382960292239539101363924842457944631703476961344868288054938747420783607209181966956077978078636955074709604430297860930907972073074960701081558685015948097534353052729341161714831747339661005175217002301479901086903452297704877598405728629894181021529690074555659724334836185037771505508603301115053176164169618772366138127227871098651734520385737873021661272225806239456342380517058976467823292023818247676449092399715748466906666219844870792697974543610502665979717872565458187225995671847189539689636539827391169454008286772208397354852019605960672645551934292523068186375946771657471639851037580102664513149058946532011702593902980926721553261881121687059584164729322719691537323315514987881303473988948962542717046310852002030893497607474809695231443841449592336289756939315703476429000509725051756443328193778481798272892162688397915039028415489284840501018329343016939308597691882076098327288892113551698234456444733325307296239857923564576768444655740788184753280032062040912485037907903369697998575698548117548118386688492826248933731346365620962364360176047562884825574687983523166892032758120831192672738707762838097819441640602074628031822157640294565833974760879869171525550317049629196191712150721245277331363754728630499003750245934859600321151449928406621582574367422744755010639122421889039120688571499028125033222930101962598793831274820795145746636908690111021310530573875061028762582480472978297597037886652702174411246083737007276409150371333361497174009051602123563930360553712590929896988577626708800679158690901085745974078027399010187258340250270675234927908456584723383879369483932121937056631027358110963094423462935733587439546101715097484176032594835362175167124900482878693443178634077789561343147653044727101587308359186544227533506094500454270943829595234500617950815499122260677053695404347087231670377358003858482018536060774789203091000130730643861533205143094832971286108366025258126081660097758604100329761411119743742767827485410302954650308104060484212662927492258713195804378325583814297282061046716445453966782750663376119561547180811410663728904450860711216506603398923855553767532053879934685050349218586536215611625607737850783368139484509250569703460543116890143456562307724317804512844149902118799309048289896661964477429526314680957547320468170131393090511705612968133624565676703272988425636726104684513955787617455426140794992788515941932345573064585536376766627790456519468752359050707029026423593768921741125833571439855472717969334716699045245738576573463632340209580112235447644417233019968837958419801112588591938802652082412625415775923953557139009940619257885762438343967082535985086771745203064771259716871629271981108722640716731620311995057495353350785790580552280567087094003588621450841939451102129664180301025071900414351802625839184169633428710839244701121728427303274470134379841733012446913775974881728083708063283584806041092422086576772875220996324008042994492930486849898458249983738581916913141159480537977042001597068934711183157338901047464798780815652192644112417536626682168177076943238146336419486790863825847134143907867852662542025507985500598344208643353203403385407169700485895423819416463202364499218696935197625148759853644751634449404061989416711341046845019578436391600097858074788654135135723460462347929727283142415592080025104678954542752194241325704026306976946540161354854687985714429486803039101844108638904144811237544371285330823993732836681962313029596918569585662741137703388585366462274791936172503361104073315657007652071242407975699950151716821900645117887028746352292980881877100729033972992256421130560137577597719013994123632674280845389400319096154214993192613364112255536011836362732783852674019875478187635393573394928471029582528710380997565439732567129487558224783626807452739034903745390658115194195726455858788826961885994749183952654963544757136504122860593118327470431717021755542733811316446122057779146073657791463076213013997798816099040380663128520372580428713945527569344186438283216367544935767434066849824982487154076245634843585997894799507358408972112726010980189131872698582043602154493537342282099832151279967547715108672556888219897690679432319918500345646597546894586561868854154560537043477447943867270393093525080713781411438806676944040880337002762289229403949546456869467365627651215744427275561854727297092316077100833032761204644001950108825543464366116138840175064330079878960184957252640922702645363838487828264437784676467889452186137353554365637760647667817089845054355114691231427414164836797645974960075175159580739164799319511126936601648584829390733187973916908788195618674358831373515539061314098627551521295444877104580897721910581

276339894748491027833916995225437768143940741866823756712442332351482346586764996451945247633087053644068714145683260663 39769
454801930943710086795751239891190608598077956189770286170467144020263900407552116967903967972007171335597714677918457136 111494
0796671246292299933147763421654122778357482586275349900679211197806030788574954697328419646448724815492388450416874884403265
6277470952960677481195278592514810702849070915018652287534294183631406112370858732629402433909819838680897918601274620818939
502098874883195920209202041991431102432886184043867214698447218058827477611885531433454757949915708112154724304881109826 7530
850187927122360672654247225549511677834995137607049303136759892216457674176156088948829950931142765681879504457390726038 6601
558121381695557713584204354934789536420233897464954927668535362013175286570550588094409771668261877850356569324883700619 1686
881325769898892153770164294154770352800561194842247298518748777495354635996894731283766810231684783864208035715066104376 080275
90099241762684102073191041168647523492506036456386777296180495366105618145387474536472536295576007682838500265390338220423592
5539829328419394494205000899887248918062112870490391300294855651474954344575244822871583406545423074678494274930963470015143
263124161298211097657797808646208963643472088059155364232264831264515021605196502658472067677261061301204933869699220607212055074
846983132504456790361979375114510561099405972270610245531643418423159313539053072736431563672645801322676377266861863347929
6099412432700177449539823043204002544985446412582181492056014921887888485004281841829538377471703679191289376308701042720721
05279340761590955605690287884154359370412944870677376427126382152837911463086145996881385154958969349477753009109089564506 28
879874949987918977330055395549969672231130329962237357438567780028847289642133583266974725834606152803712627432217243252 9339
2575924924474116544324790898275229451163209925307499379381898314756794441245959637262578848779824592170128005575802716147 57921 68
7730287677241427839045907391273929426788438577192396805229940340533470735733345183672515542658263961999930983673079503724486
864611493730495761294157070706620328918110723891552753833666381708043033055670727526167741946306060870155565744523074 6558 39
612405030148057910614581630901314898861882107938274751304764124868278016019084967844221890111018392559678015888440508539 39768
3873601419123096060068884840958759093979887545712509890277211540144019262217279654656498959921437569114290202041111579 24873
126508075559597284727869968278916268278694911524767458519228110865267700981927943353791353350051468985793823713882735357 27171
7893830142214816617514102900699728235323288484621928112894081707304424190544369303801749299703208434014010873321145368 423599
993209089515669085964915272677622963969422424234188318035210911640280643484735443798320000362808190976855849256117523 29774
16582041844810908951268364708462474117396127148810193294586738194325086126535883736855992025990781539608212879073060653 33544
905988347470101680869637317737325829139402149923292096927067831675968147669667520807748268071111678492935846198418626 172110
9253221606852538815918559880627768721643818351604955385279364210903131036078162438914712543316537004929543573131191804 284196
503216157809042520133124856053203608591448176717054976690739276489514055215206092543291657024918171664437203666136857 876733
25110828590381921544766528622524635921917501303428439331954912297279269763953174862232078789202684450835204124961260947 85976
476405051344616457799579741920939413873112767240579405410462075597015741827181915656118320966587774081467691697748376 64 18386
0817525478596851524694807752817906293992758251293089486645014790454171076151553997996389545735499561064046014574368 423599
405194520424469515510576014942214459850785628980052001501442172360303944283424448708887381117569548458688101588473050820293
605143013701045069902681581989459515045374857234879807161323689988928620499341347784459648262388689344956413068869396 8016240
22569609725905836903591447830464096918458265475815349450077651607583195664124007433611728666605786049059680568438390 86550116
60341715661217741365352466629240385273163158429247510718207376199742570052663628342648527697091241463260439116468257 19384474
9765274127912883327647534004587978756721972850802515877654906565589220471496205252104012016698764453817493876153962 1762099818
6695643493775204078675502754791542038362252727990066400463085556015793541580183887088771405230057774791013360758343 6708
1603741403358162171052377954778031082878931138989447958611693922813772482097662231537416555187072430037844638738444 61018587
649662483023535529068562088936700512914503374712977082985920525045187831056216521322461228548003454732559325717150 5916416
648239497213352370543886272408483705328217002962980905865080479495462458224013571415849006733084457388181196744514 29115 21434
27939269965562257198643919606775303837468667222170355689084250348329476678415036783681989747562636070561739594959 04537872 88
708801196541878924765307820053591235412342152755546537548511642193002104006960154442855007174370354007703359365 053398651785 70700
6582099804195744951235876447812486104147556590450055377874542573276631373882502017264896961612910104812793263745 6731347387 11
663877099845420670270029601172263762727267452101811865591052586145338819701289911963847350290174000706806314623 01308053 9754
5776028724740990975691788261928319716472128495873791803549558506179881321198211429825837530563509789912854000790 0
248626076719483518442349058719075337294433959240918532802957201038394209623342775620874772317011752756872410122 45302815 3879
584509634857983910451921318634956903039125641139059641254019436292949491921353071715344840968420710642282289811 8640267635071
6079693504702100231878109856135679106593066007716633330170625531978396315362983543914644925805700780106162803201 0220719 7049
9865658116809332423000050664896736948762426172410119907596206943468594040164109057115534545376809232712872353990 07443591953
9839737211013349491656921742299302802031477456050544661845753230590170786156443038197017914956765394045943560606 06050701739 389
31321346258503810731950386744835560194918228051677305768502688432549580989560814199075257625189355402263066 1008481614620386544
6477101721879516306983362021407461243273856073300741729085341371467646620823326530075778457801275507872627830 1618250 87008428
18774533207875794296485859758189284204996482962042735407338531006469395412546194734721703995270227035777938 58512968 36644067
8898374656563613544780666838466976517661499961854398962350237176711027408909193995831451468723612871384972 40690809 50442236
7855102876286804251881635840261629851807211528332237580970905745356917840193816002439654325782504544519 6940348840 9243408 5789
9982771915123030947380554030823155608186071615834339556172816037331106060152649641485168404319462356043 673143175092 07713049
0886856047273855173095380847501448651766049756773607833154472292534335963846302152171049873859253102 0397895814 33366384 15929
9255089446027807017962274521055506711913163262652799366963598923383006096981600167088134430020391177 19163070163 77800383 003711
264182414601449741148056626033849775175603849549191579141792953684959706268329717452214945264364000 401168512758 73879429
68837572288996134299386640236405894482452917242820165800478166941847806366047848381761856515584017 4603728978 21585650 83148930
6511779198572317164764724189304315319990881549971377420721011833196861968494405184713480510376244 8875818172772 33442721570874
0085243939194933981030831999522885426263085181455141049674896425768172365540116651437193376372188 1861506524854503
99937660922677770747939801422580866214987191247013874698567658091634240795135703733486839946070 0148381880910912 27850 4987
422563947102858903617892486945159710623170929740819517216362506237142082526119071317918763800373 8209989415516 736290310
549402905372537989573730008178765887049043920910261127811112935519422778192431903829473368732239 5369549476329 9282
75318351812624007118920345658855468095030263042519219897773744326372609289111090052198687553722 8105305576414761 4824639 85863
7189772797761937308760426497044115114128900621261138853060373672295958161170213950300741417661 12848332886016736716 732035880

4701580247848646398079995767647079233106445662603373073615899226178752674260135360072952785114473129927914524506233402909639
7175923219795801119146699283696606090546200798237452122450360169104115632219532972695445551518284094539550786740409371853236
0387796280514312676627403643982398318817605978528134663946956055581184589390705011357516820680948943855291350882854473482
1517609715423859522132730861322041292330776565586927909570047843039556819940159642233595945502210565437799547086244855908 00
3706950156080193072146489726731639389255381599586170220591397302709006385884149534616276426044283738912519184781985002549826
3035851006341034437633407334699031270355830801124354815866116467990470409954792381287897186780109815204978806050476668203662
9672509369396073136693374720367243003189666204997506525201547135786573464383646763792685019584615106967653639024474899543 21
9972319061169329622877894612250625546700645315189561638995745077221094512799188532444937648778904054422423470079587265217637763
7079604073278970245582953869616412632465754921044812238089336380764949967196348615540609091415949767808774619122770828684460
5325727180192324631999466767892603035979578118279000471394092171939987407600099970695816344792336051061664600778755939545785
8135619117973484724275643954446900185370303889947219983085883405836720473010593371645853777333738261881997860740674509062 92
2554889908344358447071868346283907929470801169686394851185081164381346028123477126650093708643498081061192511699839069112411
2788492250107404670010024987554980352405636737156440483483522461021967504033422680901960919183767953918448889810307693136 03
6846490715851920899807967484952064252815039882199294501631224441929079058217550021246415643878011473653486032318176976992 56
8862342243651161413783584860345729184564597310145801442339103436619091211751441432240043381471464957028036817478157339925527 8
7675813633597536055953938401768676743047462012272164213879016271378293633202573546498029431595005547141144066372802259064990
7729721531848353962105920750948187022309948254672970184837824611212322639194350073177726006695405996037403764341062871924178
6662420882146482782794381136197446758843595640054338403532921278595748814000737497083250483278575562787738665283977888843093
7242195945555354368165329371988636343681790751801961273509345804109446551725884968026121015346697273811614985607135933184 22
5178208697644136628031319592662998008004999380179915344918391418600149176520095505742943903063235405129132722852895331838 61
2800900242018592068301245576885159986036670882144036179949757693010158168404896369505707194161819229869985461811066431624215
4343885744834388807199476674230925541425240546413263330219254123326554225170093962370011877224880121899739867454023278311
1558138887625327523466564979284560911758393972476956922958164791705775346063017007527431401713140934708262075865363513836 57
7977785668667231433899715854051283817539517288672679243519324279446404274845572204271370383384282433585631425510375691 01814
7458356414678953450686326470987404227543486760917061998800659230534436335991875172825088425299663928971247757401309355439247313240455
5381766372353322209351254013248159029890264297425927878945475006549946921212466620662608214349320020805522405722398438304493
6328281922845488932895874022579320820777749921263608591189029646609838958881002923882049246229713329229703775199931361009 80352
6705244686532263744780463843256463010008144862912199457156447900994460842936828479652744612765333244881103324202517473862223
4490697236755378836033995966640307214375360233103696573323152377229874426905668961779628232189871890962510009667381607994856
1699112561646645110175597163799499487451735865867708404716844747708499907699794470710722164628013946275459223362536181485 4576
0238686903734042342997958662188971415880457537565078504261021206974369709692144094113468994263087437856931812699404387145 94
8959983500248233904352960214104347987103068353429770829833207751807152848088283370145995157366923408952207467531109020004087
7667734520830410725541593900525760346091208140284177420377130700842437158672936059340649256809600626214007352462203466943440
4377629737141729565773844359400547535778336478717385883199572538063980996026454053272056287315112297815716086295737684 56654
2360082900430576533154127168989746228513385107670664275111061263511316160924243466569700709329952178094757112910514811469 846
8163620994912119153759093465466176085925249964296490499530084958761690036004710267394007407320843624420034614494703242395
1767853242453480993775280280525924048657628467141218627997407703839307426174014500322104972620751701671849128134389819559 6
9766521920190813700036727820825480844407705488949773529007409396411521592813098524327606824759522533308028248314091145503 4964
8055883363143678808692268509840227543561095303877707012120002898032517901049232507788502590832634143548516877220099829477199
6023052438855804487383316035861722692030067101878742606941786040760999025708004932336269299321409465809966435142858940295050
7599383742467138296990433088969689317122152250932961528322314040152247200696225193121876948328674200291736064866035821 053
3280417672615156230212428885543250193477471628043834193928473358416612220573524012877500894115331923097650828181118963550 24958
4671068452926448455742771213474285886128653316929049767845662596418247266927783440026607279474144408370664575851237670920 00
4831219403483739208560022902779773086485414746185881115702402873741002051225421059966070353839506448235382201609712442
5018477808097712673924731940165503960786701230473957653382065850834812526008849654674311915729174574224177949335497891900
7820621308610803865516223758124648355406507243292929115450926671318592967693090324380500504705798029574716346546186859666334
8164737563758253029528629237343678947944660108835291361314663832807119837174914550006429820817270566175115331617850686059 9
5804144705051451344346613543491323777336900047757585040469935495286508212331068855209618997124393434111680987953962481708529 3
3855760900270227949741241797404757178358915130101948311420886832494331481780233765095332429955285944368343551972731851780494
6558350991943375022568193180246844883186770873093472780305915542025241044022360947098853016075837054367783741464411605321
7600459326489012510109436888394937501080782355178495090823589954072647462043742888105083964558842665486927650484032831218209
1922525491147266406362203079345550660398838572486005108528078987509229541520536859229261987791689221592205522055198532014792614
7108591884318686574119573899311216099897611097963356544490273435990983289478678897494661090310579656789884814633779379 07206
3390584010251514800188040123088613129755420721536964927058014552750216146780869136607498122512162163435485100633443491035 34205
3393469452497476955086265693962531625216109157268918512773037638397957159366930679492986483866338445448631276085510051 8949 58110
4146470854501536291458227457290153410579881693540558231867360382508835230473920214607034933191067272651277179914138372267050
3004288951549134802923632392882422079577308657735443007871499407960630325765989926239205966013855541803419669893243670285104
9428362179022442773819256545992644214164588018332426573856187867859852363478423534531611613600336584134550509359031416572526 5
2951638907300427568254001923588832030019113497523286130065109787692945531139668955583476437080703315692464770566831708735818
3948045388753075171478337119507687976407728846486649791823184502315381055175873407189625387985376214371724368207104688142052
4923936550870448913554165562666671315419217636666445413419706588440480395862840116136033685481345505093590314165725257 6015
2586987870305119319075536363454402515452339582336587160381608528218500714103549936084662784075061236838764462145891921779142
5930064973124185463659956751295850203082278410326137151135198390612415964633398239008789738799337167288720356789486961 27846
9180298840007702404614146843570964611623794845800243691534462319297027637045810546686186489200648185788447046137629428206 1421
0703480363084411167800614815023913690139665758030939659044159125120969529733612730979032583292747939969282438314920625902933
0928601033239174038383427457113513984577478320244883860219680767163316534986730347454013999215982211671115125442858537609167
3432769990400584497434750955642063076949347283560649910777679589265079832348108401822448911707496651040616875918474857697 21
0367432681514842019569722074734482208792869960832962935876316538904783900487427479351515284197270786143219658284170693904968 15
7725682805012202075109236346551769315157232381050180225855171582478223413643178816520685066139422626534469728935978057557926

2460445075204391195108742576253503374285344359966802548772112938561910122074296511208884295468554439252190090409345969976232251366844939593914310582200
5497776165119323633557844773870072751670887701833608973105333061674009407487608485728705025403965228624984387807914212329203806188310481723210930017
20191485125537211230915157190161271374046536835464034590990175169190773763122126257226586645496449591237496183719395515196650457314903486981404538174
73697589822751137745630786723562216976682523942529815904676521852845589143501482226584055395263909853937176619710158783873287283877557847244288253637
26210818665740744020130772139829403432459845503488984619089354060604602972075243052225050884840981344559999075686813154752220465614576233140452632
96535279292379792937392919037486967196463071806072478474739655051709747509660626023429037646844450582247220212323863885571451323474982034996604066221
17777729786064434146736621110648053316143070546516482946603376435620929127032409921043510275954039765472997922710896183967315084703036220498402080
6686992252465953583737496013341799035370052464560586947767468897309441369101074420207272388575142052254708190896349914219443174041123748517288954308
0184574091031999461128055643344226228957934051736502953133602831432070249365622011880738379659686693856304036554244937571974210249374057019369451384
8256986001953215162568971401835116525496006360110312021819534967041609746208291773657299785645713069651650016227788527383407258835596737070824043
525917673804229743178528315649444954503963640110936985581798511502721191591763800482965813078985947039731206533780203227603441629732969801205906826
901430294939952501580989047710508025383515715842805178152642640065745840291703655628341155199917788499951685578980881405096867648256081575871689213
52614348240198708559344918343709827439803924399001240898292676454523422192207578413785334248788335537493246859780197430738916781429610504444962
57971986849317044974915506755212791116158380570696819657259481520866721333525808676789995964951590610988930622886066132631217557575864183262796
14153350264721407952359855854267648820313639865562813744761293814184761293361448761123118250956247799738896549452565020370785100531150965622029849374
508613619043976299599031311900804319752458094000091455821745452662580527403998131693257001823768421722318051406820050230029661772701854460037043301
23452516468664561052172061929960375023033596157708284888237288135889404534490226994538748657284817289275598184225582017026334879541782535545557549004825
699797395059504613420534309269810790525531230338713302918251992281356063960128385345521159435691409774601581987774123819889586672711142729583108270
98639204621803453794556243397185624971271409579259619237078188404535552979777422100688345479378133401422639180311407597049126719576726619387623534230
6778374503739921556049731619654537918413623760136660987343740561564616345985238478285231917307913701982509985326929428640128896615562366533636808679
6762690219338587106204085027017894505168178682770319342784307016451931331391148575091664441606621290028331887883380830100063845162203597285478184520986
99758841288965867024287556877312359003496164995760829237752489365557076354134082655772488904435754853975257909113421179830261153541749394282388
277104497423443903932282036621472939913674036710121597093438248753447698010667109613419407850208010006384516220351254749532856095525801660879140127099
54658446853172976638859232327228023922957255162170439537798680918870851195550148345006535420589588172819071594632777061363476090473165184177320017762
74966861929830048478422225166252681241060317143651945672834889281095890446951076541036189853483266943402184793134763860133555152020361763656182711
3154532531524843185016002550035003250098118745684013978413245041292489951065943492962793136854134306421560893536240803722105692217062106540
290334689571523900607996849381971994498847363799265621137914408554512627737680339624879096474511063094304810744082597529027649301909961828672066
008381247708284039324534854769145944862733517709915861339720744453559629060536905148227996438264210049229538096631715849474649687324294171486017757
92546480022293925634847344849734476876725518676844578041930104358838478449847195175446125277421061598340368876821770985647989749066417963758537
089948339937808038693590500388591500418247692621391632221151707329740757299950921614195341795453956482580695757011410054740858360976388977485443
567038088772255342372523668586252868607011120737664417034759239020540229118336359207682874681916357344362122584685518491173782814989331732943286
8786673412770419506140678430955963466118300937723559315500840818820429011125362549515865879877793320160602302359693958208885782526404368389306031488
1551188185106339280138068829477553386570870062873818717550062023016789082957729937039481235532251177306514137479705343893796451947762336804445610
37728242377464063174719122855087525701248555303495842547755111923104174120089641764530473848618495987688244554949742237962742522615737856516051
270717355225140092471466287707659232800006362366178185182014661299689732045067019387019122339028019672884857642151753605032428049537412601702757403
030534227164186394957860000645995632726691728895103478325073178136744237372764385742521755361860499615778451640562125120075712064825439121705480474
844246331637656494481161619216040628737029040975367288613062513809093509849143091520136859403499362979313644033125901183696488012087866614420892897
810507017559263159328947593335355853915357374864729330110871092984228253011491326287969308553451488219592948067080502222
6824590669598704980565020226321886000458133848213383801071401193705031999865589124946066131408979946504920916697723288300195184978556532435552347947
617679257654458205266506516799447607227055026043258500845064819369960316789884817888384128959995696591593227930457380841438982357797812216639154
0010741213360957168963667005748458950545479261619617366617066892473003181633077684291239817740029380690464820050503056721097040707235857627655971552866
85740580991153560586905754247224208349859427070514578043398793461930355083293449385465223113625167923643813542477484194
04358933214598819421360572921674122615999836108550167244026493529026929476241342582563872303197450786160646176951012185410633203081716611241488676
4403388729757658443952220219610073743454148508916871337442678359527061315122562073869332183695356589362103049292009535538145495116012146419843793
90371896439869348784158909220909390704275782190593570943076723707204380005345312096703508961922242988160876864329829739714882496041244615328082112489
2418833144474928803634239182862213445064861231175378573457919280104561377717911360965537
10369508963772279061281236547915708886076676890819374934061036841067386005411002687800847407059471065863451439196985597069505565050151233936568005
17331336447642130706567573199190339881189382530752108828595161475068094688392457400111354707207478698216862127432149766518830319603334562233534421417
368117005957664939376223290691848803237345192434912466565329718238417369197986587133313412071051707368347124123447237186724941510842704961554950377055
0152873822486053846067672039287586862621698438228036050158757866810925512230401599897538489232830095980752519490258071471157735374869450500153498559
03697672297104371592108469391204905426246339608580824918238658439340262938268563715256623894744717477833699966180201154788249913323652215956634048
0112325827708188621501307157794060027439516892752435518239624083915012347392446865100423250564515453398174438062938188318702191539467457880688733
50266993482047409308509929240964476665081186325485348249662060706550249956408194106470407122731100421544185549123163407340196189709487236703389794943
92439916588065128366790564169573652160508224488521757361133174294735357748308478330984295743057506045041284029711489736552333702529333285934154
831374005810726242645775153561189773427429425984019406813338414161074909164044307802772977009382768736682029788639247725910032842128149335787611
188653303799439157109917313087684148298147316743892415070812333046638666526885171522877349580865070092110271308011488070525108161418161525567481710
78621940010561280013464710004896008161813639861314375953783534634700973802239700733178847121742166237978339050849584056480403005911208411730
0224196298113764325550862599360279291212396833626543307920197457553798739720032739000561339931139731479735888604674826361900563031714751074082657455845260
052439117163947985454385464047745624442320201115805941011040945383309240759438561318113451784704239620488935829339974203620677062
151959475808635230500390635269755089737196321432079758088695852977316219835944256689466346985566418285273456007130394603837053519530705781433201016
4837208763730542151049819639823162293461554016244819227488989915481816101412911142233274248071051202784939440246429680769803440316010313693988
0856422960754069505713335080035565918884145626531983654599814935470353390637040701273290094855311359086974714533368917518969841575481177997410
76041901914562272888440518872050849008264536013242915228888937975199955998359628803608091127109103097307570621865972967346398430610928429550492105
466916091541820351783236841552181865567963407111243064388515541562489751763977188126209840873609829923836373037505941877062263758734813686836829
33396988027033447765411042743699662076910036089665968904718471160001978184123626519797541349912972278619802272450522940152432208048175398124400825
763713606703033447765411042743699620541251450482700210515174118098852492600977472146205536677900755200877082323465359525326217725900305932547343180640
01484526854325970487574445025035959031758880946786706242790549681223173819531934699565150042091215360832603215306918572722992986003053925473418064

694443389254568991712253772984042896325472825553367989035077223103164222559368662240293289707900774962130957134962928964929387875975644766633100100
120853804913657780486947710004653842197087555332495654302279840491862319679062551769931473584528027778205886762922324777965323793355985991799263382568607
931297153065955394878327738880713698149746405066251751431416466975480788825062108036930301495236024766871701778304594493982135446681201891555589510
932377910663974321717152861012900733351801133111413356684680079103996224531505962071620704028551570261433581030780277816503237751720090678562401690788
151274264741016063023195786733096674195332631791548690087721251730723578980925225302256324102330914103803095493343538458027068033444271651927725582
342536905924927564449959931893373302024156133921728688211168862565852709987290601656571088073894875836169521706209563268246090399618378897872018222687
023785356834418100121493461723067675286359901128088910089647377924597795688250073985023807775095912981555306692489535737276413238566846781778140576387
723487604032512946764713594366594134553106314069585626346336897310651638074355013126100690976453765014405198118349235318871949079939990055380928057798
750477277882329160718162136146751740278883870999707052595623280286417474416482632048724128258949047810298822837741856018582323346718586884349581842191943883222041
292566218213616277944900410223081402421658236604363391323122954434656949827222067908232880702415173352416231227477573032561247042685443853224710722797
778599783518199543021487594778160761668527083882002884834997471275528202579649966553819395937982896137784430079530185400369661661157628681207957161
535606620273576267247129934826291145872585661003020261656400684814387146083727979259614599323921101703973376987349543904745166541954737744116188091
670072852497347235348009245947369144102328343634384410372077100134620357946640670753098240855503576886990707848143675510401545336522149188838320213227
917374952250859104094126462615872664616191769631733141663734449384885148595135867901870079581736478850407096563444530063108651340154568645460985779393
768228464230331017327992712144695553139655045871276401972657906219538813253350932509474459891069692258198604873251616314872253320886124152503
877839030921096393731408701463262774873619992516036903516403181322863841015778913834548208695309491141654192122441037258823537352832296622540405395955951
254188046955347016927965818084221691146779900318147199522420048905885593746441615349093468231899692493401258540162129338881236067112990472
785382510932212676008635678872991110606474438540631307026915793291147168357489368073417620348424225579743251001003863488160552466827738201484166978
734963320996341723779237883031516605487167179287400111914472624567124700249762245822402739770702702350323771241691314913084480272640099449725957520923
593023069273000522490736514197778118272030525906050536647931014870828397624359765141024547190212964624407218786854291307199115602213435981092612780
992449298835232142115168804430524223133517203668759100206128171572150132304910385243127601602678071027790598783630284909955133233256555424283231269
708260482841091164692355307701347150992856426889889700776542334648965004511482489448843811905201316202395612555080114293455938402258904452354916067
705752641775197360904402044833678811895168970277893660449983167553181536039844582220491826985980185062808365058175856328286
723970216470372613993961575436887836546405906078885859361572607337647947362839418949283760504833640944013498654912082100481325506837562819702568696954
918762197639720450270004466756395119376131560064548648552507497994208500289544499553574504683662276687208248316413599480307060161182230915617525595
284900289952934287376173510267424188159371599489099697922225772144013909127224617888387436080519675153031479114143357320736585904930427733798447129195
444645430440059751830974182337618633781152912801517863600901647697454495695732314679554993893573513949564362601454959264673734721602188531326544686
008853720772213452751031059526253097712023553788569164995911692208388877078051735438398567867019670663778088686745757660982532354042454284028687747770
328538261997625425819929342059121797780827787051185845230897298563878656112750727634100359941466012227948957495592036099403780484838552595991081712
362827442040178498021103176278778875307536302263161097666758010603955547997874569981579733423399742444758845314893345366450917552581347550463442671
094890817996895222670446402169176805100590718447352631235416442486477743878776517385347897501402520406932991135325561481360435529683120289912953561
29040275913176773412777046365308522132575480307933547882996383406999371515422049380882406473326132335046138821594795169175925450984809797110892331137
789539664074608345753449075110607524143628834660918003849036529852964005165359785713606064047455710984862204142679382704425087660332076412000
276837147202583957757525483061765135271706577594153270832620255391069873058435160228369894987756702150262552800620025184414689819196909558212078987
267176461338008395664877220193204636718817239547049302092790610411846951048684700496386412595306737666603894217618938754237522401874581597228464522
907977372229255101808867399083985837160542913749136356254886378916159188842405270749586948184529014977115194315755826307059948577588363534749
639756855970386264786504072099874502527051939796981252968831191634413815077503366203111439009760009739735339111682947198127707542624375221
37582503203873637532046450005738917934659235770836220414528501397946406724667360182753798544781407691252608506944810541661956752647507452390254517
531094066263668247457573460700464526775355777432010239133813577503325611439009760099465213981770284146108841360856591839329393135809815270902717
09276077217177799087638546344602405169049949774577482873009339789406414736945719850482990513483286070709915093304457966391953558914780109443445098270
173677240097904804559288384657526908214068400936752248884246173646520506007801126607728228735993798499770457311701175869419846747420996744622
268636332600764111070293488972360126214984596841603187424531584352058918590453569419644606335798849753116954758361115749766774070315448057897817050
4573192258815493114390257934509985550037204243618264580414158997001369770936461843182966609073135476364512034608088445448543697504070894967031
795494286681388276584446505851797712368142674585475571382290726634603164381375014654291945359934360820628279072533886557517973424574661225027443011909
224296277693663158710809444247982840749466556352680450726435782113627340694355612553740324646458237107932145904446111092210079359565651010112
869760593556579799723039398683961799189861979915938694074086324241601016103098387835439567731148297234889659476714272131412840043723106602005505662023333
951957558645128302417714282371576932876797845264257710423728172468445461622447270366618604546724925014467120456547835292014705387980542744306546549
190036978523007037200614183725711130911116810217228672125895948576600435329503311469579656490064244622659391251125268037826375203834620109193920529940
735316501758382632674100489944648907195082147841020836660969064155548997313238788198437535439409675619174436384748863267650302720680609251
880972360884793801625295032915251028318591192509521603409750922036318243040051361251785266783089648407626187112119385645232588015638456623256815536
597141406351655852783230999327618187316423841360535616325528087740547667907001881483129992649497560617449945504840505168292660629449709771167744
057556195518345387406044064634465325320351037784476758856666009172875209822435774566267791903511119124849140645554352572549
656639267852219176238547538197108319832284830469222949537374917257555425809647949858910268635945357613551466037513914968451229674554784247177930607
49999248715031737113310594183240408057745759718617429617097388988904577236594113684394471776641744994450400050451469206604294419977461174
317503868656921432845659076387703508545492288177459213469640967193788480015699085262761750077394016434706423215378843005005026017319759124864
587923006850052538135489151319987984436544604827891549717076073171744512609717176621549152309355807845628392179964304096091569942149438
711242916631205469132386060633526874046418967649751346003184289825747512268459083103982014060948648070691618383082384782016146824197283200526150385
110681990583517695632365696941423626101521553817250306301988202927136854449160629436726451232258860487958278378229236334362758264
613647644880092776331655021300749459298954339617526617490169121300581095542491226738528512234383695989370489398754642651012588267428360636399960890765
573443634480149048898298357189164920645101192895980872688229692285334208243458236532688377835428435742592025670209007583467275836637930453691237529
817410380083971366987501792551888900509616227250209638512244815629473486718079216757439502335418797146370341359507068879603131015046447423923286729
237172565384290147065906886727946944842524715905205340933901433005034816350939418705435784582019170226882317510901329413617187005
809113345776164220301259802204310738296860947037504458684428440879094580713838620954492075996135366557130684046952712994788097134507882757284844
8998793497039362246511049877006417993712631986655042482645042713322916123032461641453330391676894514838556927012660319063689993035272969742540932985850
471428540838671088927344318073634570026911192432496377298229400094402075204602066447383917024425754834014534980354627340999096460720752290737468
413119858657879885591425214708035178496735839369335350075467232461312525826870463756343964399059479070392829612597648670596980718158402093604285616
523782711370074562109031798080865717319993431281796912942962045565095201243331544608359576565078324467211258560776099860971429906214637258102838703199851651
922005081391020537089315662292500064873557795406275997926651706886292311625655005008454294559032917372009820858817353746878318204470202268
61276497609063433941564902624621449599972627879884720697263003186249388999510255307332744120944069641346573360619959052991323722074540726069025
649085352516721167005127900523934217027430328861413230961696475560201838621599787236096212275702109968737007122579942951869630041887796287240
932784617980486479078998057773388605583824911462325181367486928758381481431462242839849623785577350860511010509261293230994024748926753116188620
325740386848060649046982799921211138665663821326019135968402515649247906443983300318078952309616518405614103384347993761781821004743519090706548064
403205691171664223099215471240461694247104315222052014083566336270472083522027228179237773483294421462986068300394431804318971199558758807198115048397
75086249284520537660993750391511384695978424959544064857515050620849712281233610393914680452318303759039230419312935804702532239639115127937593015140874
053514606208991954074575554486861981982626934069538210219470121408849044263655395305394353598983201660879472079525686691433189909121186522
058496088149626836546723498404818381094319857403683774663709363805373392945879466445168261148333458980849813230142344978030008177003290151461740117957
443616201842207603357765423162845642167944043755689715537877286059987267542740041309324829957205385016541784245539506168095825804797402
97074147881435727079149221043557745400943900573768159682819068109771590645766607544924541814453299247789965711194551884556856812151334909804658037603
8476182660137371776873274136170464438082982439169337137963636165765773274412941298344099461379201101046632087497151540587448261159
959068772409428697873756246299478600776754580052294075703084608385160436059312555652585331231165546386554103007026062801195532248099
561712788156303551901256077112884694732663635778302596564232697384744696747493817191834984412010284235192195974794118886452077960231343063217174354069
2488623758813307950130195421256853896066931254279329444504604143997511059306830758986663120897091786738144310626732857291352473357373341399649816225
605641974178798441560213301230296004214891147848575264386251814296191368983822274941558639578740823780909834140879297644511888802337200988640012232617

                                                                                                                                                    93

417643050637038107692783411890172940132946238563930853153224422276881857172889388516865007590484415709736636539394113814143300708417983117234397432128982693308828179084546083522761688392367067018193779063875186889826789859261224870725537077446809091738121955681542467817582498635908457752822108733709471005344704316264532650987541870482604085049432894496711511556404503759922183151506218941768079740040268059163735942305802189105616245901301913073423092201187748905417634752347872050957508301245800976089449020142238325170817863829715178754102327793778540726836395180372272739907246132811667262023853629580447687448945589355612941667877115144595215072801124528783898892439805792611339511716337272476322035613413766554936091076077542886391453750911283550538910175699273481058020524474988605369414068805981571145534961021164041299207119157382239649687900615771795957511675590848192960903559344490289369648619008661184836408445470922988082018696435010241658928067289346189212883998058867547233822662874674892760072139691790819941807236451438298943017355303225114789118467993569437692565453511408824626441787817540585204627520911945517150715322322900317837863929972645795041362243073887474295884203865379630088782849749101153671404487270605223983274654434529356528076960477221503024060329960820144287400664630992436955822017512481902127695919485480650025159662766721156265827038707214581147446979436985067675828535063530563790855260275245784521393118971219595602222780105217056312396344611270021258672357337090090246740649425766696530479737142716265705359574487908761992099795491547095674586662669331781602694992456378613341504012864826825645467814425734313848600668267976727082780868964032762594167884057145941148046291648812852001026105619845278543167673430191418002873928094615194818546863109907951504488133650125461221413542791228391303694726258978002773168003031221980792227233930233369902492383136301363178123630113136831038867733900122525241037628839200114687473978301968151623448458441708471154056306712215025240060095684502099654423577855478800658445306333545865197485172711046869237082103742383445162144635916426832644996749875191611783934195142162634345728069393696716440345231117981331367472558103023303033564709191311845149327015419759074648095393224728170565473014577862844907079884408700586312052844716335877723304380827091373968950568455535323261822111023731271368814205839385474074900053609306576177773048783078559721753881861727200525683687300867217691544126287754950323922211648722178615226209112425923774670550161255823546154420874584214964770525957274029184716453158885258827884268558894965084270394298993544277457848840925342436759646126543810922025562998205154148019374700480357966774587410088413181187258238575854484888166827713303205091480499027850321800549799152991200562746600221413367375480798605596956049406909935124887922710050927746141495291462651076485909062992381759902441618794970236657180951442585490576517929621056744600221413367375480798605596956049406909935124887922710050927746141495291462651076485909062992381759902441618794970236657180951442585490576517929621056744600221413367375480798605596956049406909935124887922710050927746

96

108

Bibliografische Information der Deutschen Nationalbibliothek:
Die Deutsche Nationalbibliothek verzeichnet diese Publikation
in der Deutschen Nationalbibliografie; detaillierte bibliografische
Daten sind im Internet über dnb.dnb.de abrufbar.

Herstellung und Verlag: BoD – Books on Demand, Norderstedt

ISBN 978-3-7357-1978-2